Eder
Mü
reuztal
Siegen
Lahn
Marburg
Gladenbach
Di
Dillenburg
Herborn
dorf
burg
Bk
Giessen
Dill
Westerburg
Wetzlar
La
Weilburg
baur
Lahn
Limburg
Friedberg
Bad Homburg

Suchen
und
Sammeln

Hermann Josef Roth

Siegerland, Westerwald, Lahn und Taunus

Geologie, Mineralogie und Paläontologie – mit Exkursionen

Ein Wegweiser für den Liebhaber

Gondrom

100 Farbfotos von H. Altmeyer (4), B. Jackes (2), Aribert Jung (7) und H.J. Roth (87)
1 farbige Landkarte und 58 Schwarzweißzeichnungen – soweit nicht anders angegeben – von Angelika Massing nach Vorlagen des Autors.

Umschlaggestaltung von Edgar Dambacher unter Verwendung zweier Aufnahmen von H.J. Roth
Die Bilder zeigen: Förderturm der ehemaligen Grube Georg (kleines Bild) und Basaltschlot am Kranstein (großes Bild)

Sonderausgabe für Gondrom Verlag GmbH & Co. KG, Bindlach 1993

ISBN 3-8112-1055-6

Siegerland, Westerwald, Lahn und Taunus

Vorwort

Siegerland und Lahn-Dill-Gebiet – das sind Namen, die für den Mineraliensammler bis heute nichts von ihrer Faszination verloren haben. Fundorte wie Herdorf und Müsen, Bad Ems, Holzappel und Horhausen sind lange und weltweit bekannt. Belegstücke von dort machen die Attraktion mancher Sammlung aus. Nachdem die Gruben dieser Gebiete geschlossen wurden, ist jedoch die Situation für den Sammler sehr schwierig geworden, und gute Stufen aus der Bergbauzeit bleiben nun fast unerschwinglich.
Angesichts der mineralogischen Bedeutung dieser uralten Erzreviere wird allerdings leicht vergessen, daß der bezeichnete Raum noch geologisch und paläontologisch von großem Interesse ist. Dies gilt ganz besonders für das Dillgebiet, die mittlere und untere Lahn.
Ein wirklicher Naturfreund wird weder mit den Scheuklappen des Nur-Spezialisten eine Landschaft durchstreifen noch dem modischen Trend folgen und Fundstücke allein aus merkantilem Interesse betrachten. Getreu bester KOSMOS-Tradition wird er bestrebt sein, die Natur in ihrer Gesamtheit in den Blick zu fassen. In diesem Sinne möchte die vorliegende Schrift als Handreichung für aufgeschlossene Naturfreunde verstanden sein, die sich näher mit diesen mineralogisch berühmten Provinzen befassen und ein wenig mehr über Erde und Erdgeschichte erfahren wollen. Dazu werden grundlegende Überblicke und leicht durchführbare Exkursionen geboten. Vom Sammeln wird auch die Rede sein, etwas mehr aber vom Schauen und Deuten.

Der Druidenstein bei Kirchen-Herkersdorf ist ein nördlicher Vorposten des basaltischen Westerwaldes. Der eindrucksvolle Kegel aus Basaltsäulen hat heute nur noch ein Drittel seines ursprünglichen Umfanges. Naturdenkmal.

Klar ist damit, daß hier nicht für den Wissenschaftler geschrieben wird. Dem steht eine kaum noch übersehbare Fülle an Literatur zur Verfügung. Hier wird vielmehr versucht, diesen Wust an Erkenntnissen möglichst einfach und dem Laien durchschaubar zu machen. Er soll die natürliche Umwelt, aus der sein Fundstück oder Tauschobjekt stammt, verstehen können.
Der Verfasser gestaltet sein Thema aus persönlichem Erleben: Sein Großvater, Anton Roth, arbeitete unter Tage in der Grube Apfelbaumer Zug in Brachbach. Der Enkel lernte früh, sich mit der Natur des Westerwaldes und seiner Randgebiete zu beschäftigen. Sehr viel verdankt er vor allem der Anleitung durch seinen Vater und viel den ausgezeichneten geologischen Büchern und Aufsätzen, die im Literaturverzeichnis am Schluß des Buches genannt und jedem, der tiefer in die Materie eindringen will, dringend empfohlen werden! Dank gilt besonders allen, die durch persönliche Hilfe und Ratschläge dem Verfasser das Kennenlernen des Exkursionsgebietes erleichtert haben: Dr. Karl Löber (†) in Haiger und Willi Hofmann in Erdbach für unschätzbare Hinweise, Karl Pohl in Wetzlar und Hermann Bechmann in Alsdorf für uneigennützige Gastfreundschaft, Ludwig Passerah (†) in Wissen, Friedel Schweitzer in Westerburg, Karl Keßler in Bad Marienberg und allen Vorgenannten für die Erlaubnis, Fundstücke aus eigener Sammlung oder aus Beständen der von ihnen betreuten Museen zu fotografieren. Ganz besonderer Dank gilt Professor Dr. Wilhelm Meyer, Geologisches Institut der Universität Bonn, der dem Verfasser mit fachlichem Rat zur Seite stand.
Bei der Anfertigung der Bilder wurde gleichwohl darauf verzichtet, ungehemmt mit Museumsstücken zu prunken. Bevorzugt wurden als Bildvorlagen vielmehr jene Stufen – wie sie sich oft noch in den Händen ehemaliger Bergleute befinden oder wie sie bis in die letzten Jahre hinein gelegentlich noch gefunden werden konnten. Kein Atlas schöner Bilder

sollte dem Leser in die Hand gegeben werden, sondern informative Ergänzung zum Text. Da manches Detail in einer Handskizze deutlicher herausgestellt werden kann als durch die Fotografie, hat Angelika Massing in Koblenz eine größere Zahl von Belegstücken aus Mineralogie und Paläontologie sowie Übersichten von Aufschlüssen nach Vorlagen neu gezeichnet.
Siegerland und Lahn-Dill-Gebiet – das ist keineswegs ein Abgesang! Trotz der rapiden Verschlechterung der Fundsituation hat der Fleiß kundiger Sammler gerade in den letzten Jahren Überraschendes aus längst aufgegebenen Grubengeländen zutage gefördert und die Kenntnisse der Mineralogie erweitert. Als eindrucksvolle Beispiele dafür sei an die ehemaligen Gruben Rothläufchen bei Waldgirmes und Schöne Aussicht bei Dernbach erinnert!
Diese Namen stehen aber auch dafür, wie Unvernunft und Charakterlosigkeit ernsthaften Sammlern und nicht zuletzt der Wissenschaft schweren Schaden zufügen können. Nicht ohne Grund steht hier am Schluß der Gewissensappell an den Naturfreund, sich strikt an die Naturschutzgesetze und Vorschriften der Bergämter zu halten, die Rechte der Eigentümer zu achten und keinen Raubbau an der Natur zu treiben. Anschauen immer – zerstören nie!

Allgemeiner Teil

Geographie

Die in diesem Buch getroffene Stoffauswahl und die räumliche Abgrenzung der dort vorgeschlagenen Exkursionen richtet sich nach den klassischen Erzrevieren im Siegerland und Lahn-Dill-Gebiet. Damit werden ganz verschiedene naturräumliche Einheiten berührt, aber keineswegs vollständig behandelt. Für den Westerwald beispielsweise bringen andere Veröffentlichungen des Verfassers Informationen über jene Gebiete, die außerhalb des Siegerländer-Wieder Eisenerzbezirks liegen. Insofern muß die Hauptintention des Buches im Auge behalten werden.

Über die geographischen Verhältnisse des Siegerlandes und des Lahn-Dill-Gebietes und damit unseres Exkursionsgebietes soll im folgenden ein kurzer Überblick geboten werden.

Geographisch ist **Siegerland** die reichgegliederte Quellmuldenlandschaft der Sieg. Am Südwestrand des Rothaargebirges sammelt das 350 bis 400 m hohe, zertalte Bergland die Zuflüsse aus dem Westerwald und dem Südsauerländer Bergland. In sich mannigfach untergliedert, können unterschieden werden: Nordsiegerländer Bergland, Hilchenbacher Winkel, Siegquellbergland, Hellerbergland, Niederschelden-Betzdorfer Siegtal und Giebelwald. Nördlich und östlich wird das Siegerland vom Rothaargebirge umschlossen, das am Rande tief zerschluchtet ist und in den zentralen Teilen auf etwa 800 m Höhe ansteigt. Lagerstätten des Siegerländer Typs sind in seinen Randzonen anzutreffen, so daß dieses Gebiet auch von unseren Exkursionen berührt wird.

Kalteiche (579 m) und Haincher Höhe (606 m) bilden als weit nach Westen reichende Ausläufer des Rothaargebirges eine natürliche Grenze zwischen den alten Fürstentümern Nassau-Siegen und Nassau-Dillenburg, heute zwischen den Bundesländern Nordrhein-Westfalen und Hessen. Hier erfolgt der Übergang in das Lahn-Dill-Gebiet.

Der 480 m hohe Rand des sogenannten Kölschen Hecks grenzt nach Westen das Mittelsiegbergland ab, das schließlich im Unterlauf der Sieg die Verbindung zur Niederrheinischen Bucht vermittelt. Als wannenförmige Rumpffläche senkt sich dieser Naturraum zwischen dem Bergischen Land im Norden und dem Westerwald im Süden ein. Er ist untergliedert in den Siegwesterwald mit Leuscheid und Nisterbergland, Mittelsiegtal, Nördliches Mittelsiegbergland mit Nutscheid und Morsbacher Bergland. Verwandte Lagerstättenverhältnisse legen Exkursionen in den Westerwald nahe, einen Komplex des Rheinischen Schiefergebirges, der durch seine ausgedehnten tertiären Basaltdecken eine Besonderheit darstellt. Basaltdecken und -kuppen bestimmen seine Kernbereiche, den von 500 m bis über 600 m (Fuchskaute 657 m) ansteigenden Hohen Westerwald und den diesem hufeisenförmig west-östlich vorgelagerten Oberwesterwald. Die 500 bis 350 m hohe Rumpffläche hat ein wesentlich lebendigeres Relief als die Basalthochflächen. Dieses Oberwesterwälder Kuppenland leitet im Dillwesterwald die Ostabdachung zum Dilltal ein.

Nach Westen schließt sich die Hochfläche des Niederwesterwaldes an, in der hauptsächlich devonische Gesteine zutage treten.

Die etwas großzügig als **Lahn-Dill-Gebiet** angesprochene Landschaft hat Anteil an drei Naturräumen: Westerwald, Lahntal und Hintertaunus.

Aus ihrem Quellgebiet diesseits der Haincher Höhe tritt die Dill in einen weiten Talbereich, der sich bei Ehringshausen verengt und zum Lahntal übergeht. Von Norden nach Süden erfolgt eine Gliederung in drei Teilräume: Struth, Dietzhölzetal und Unteres Dilltal.

Der Gebirgskomplex östlich der Dill wird als Lahn-Dill-Bergland oder auch als Gladenbacher Bergland bezeichnet. Große Teile davon, nämlich der ehemalige Kreis Biedenkopf, werden volkstümlich Hinterland genannt, wobei historische Erinnerungen an die einstige Zugehörigkeit zu Hessen-Darmstadt mitspielen. Dieser Naturraum gehört noch zum geographischen Westerwald, doch ist die-

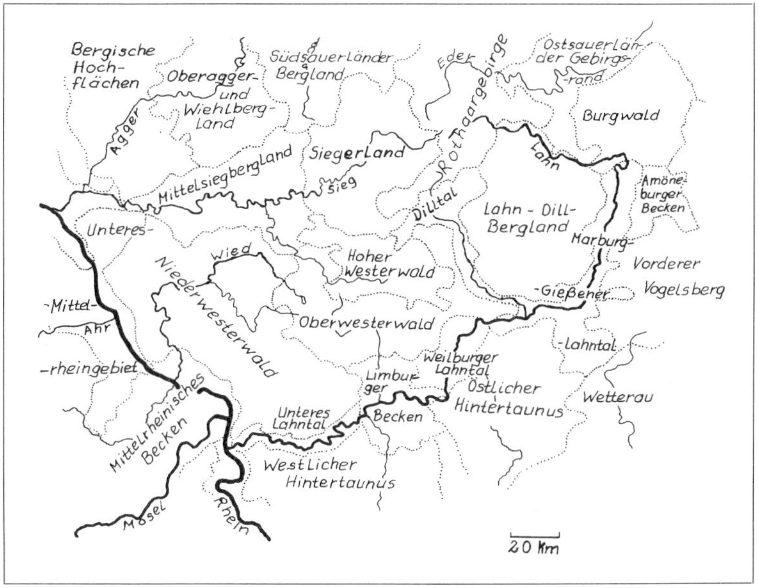

Geographische Einheiten des im Buch behandelten Gebietes.

ser Begriff hier nur sehr wenig populär. Im Grunde handelt es sich um die Südostabdachung des Hochsauerlandes gegen die Hessische Senke und das Lahntal, die einen Höhenunterschied von etwa 600 bis 250 m überwindet.

Zwischen Westerwald und Taunus hat die Lahn von Gießen bis Koblenz eine Großtalfurche ausgebildet, die als Verbindung zwischen der Hessischen Senke und dem Mittelrhein angesehen werden kann. In ihrem Verlauf gliedert sie sich deutlich in drei weiter unterteilte Abschnitte: Weilburger Lahntalgebiet, Limburger Becken und Unteres Lahntal.

Wie schon die Fließrichtung der Gewässer verrät, ist der größte Teil des südlich der Lahn aufragenden Taunus zum Lahntal hingeordnet. Vom Hochtaunus an fällt nämlich das Gebirge sanft zum Lahntal ab. Diese weitgespannte Fläche wird als Hintertaunus bezeichnet. Durch die Idsteiner Senke, die sich zum Limburger Becken hin öffnet, wird der Hintertaunus seinerseits wiederum in einen östlichen und westlichen Teil zerlegt.

Zusammenfassend sei festgestellt, daß unser Exkursionsgebiet vier naturräumliche Haupteinheiten berührt: Taunus, Gießen-Koblenzer Lahntal, Westerwald und Bergisch-Sauerländisches Gebirge (Süderbergland). Die beiden letzteren umfassen den Großteil des Lahn-Dill-Gebietes und das gesamte Siegerland.

Lagerstätten

Bedeutende Lagerstätten an Lahn und Sieg oder an ihren Nebenflüssen haben die wirtschaftliche Bedeutung großer Teile unseres Exkursionsgebietes begründet, aber auch das Interesse des Mineraliensammlers gefunden. Wir haben drei Typen von Erzlagerstätten zu unterscheiden, die sich auf sechs Bezirke verteilen:

1. Siegerländer Erzbezirk
2. Wieder Erzbezirk
3. Müsener Gänge
4. Dill-Bezirk
5. Lahn-Bezirk
6. Unterer Lahn-Bezirk.

Die ersten beiden Bergbaubezirke sind durch ihre Sideritgänge charakterisiert. Sie setzen beiderseits des sogenannten Siegerländer Hauptsattels (Schuppensattels) auf. Der Dill-Bezirk und der von Biebertal bis über Diez hinaus sich erstreckende große Lahn-Bezirk umfassen exhalativ-sedimentäre Roteisenerzlager, wie es in der Fachsprache heißt. Über ihre Entstehung wird im geologischen Teil einiges gesagt werden. Den Müsener Gängen und dem Bergbaubezirk an der Unteren Lahn bei Bad Ems und Holzappel ist gemeinsam, daß sie auf Blei- und/oder Zink-Erzgängen gründen. Mineralogisch bestehen also nahe Verwandtschaften (1/2, 3/6 und 4/5). Die genannten Erzlagerstätten umrahmen geradezu die im Tertiär entstandenen Braunkohlenflöze und Tonvorkommen des Westerwaldes.

Der wirtschaftlichen Bedeutung nach an erster Stelle stehen die manganhaltigen Eisenspatgänge in den Siegerländer- und Wieder Eisenerzrevieren. Auch nach jahrtausendelangem Abbau schätzt man die immer noch vorhandenen Reserven auf 40 bis 50 Mio. t Erz, das 30–35% Eisen und 5–8% Mangan enthalten dürfte. Diese Lagerstätten befinden sich durchweg in den unterdevonischen Siegener Schichten, insbesondere der Herdorfer Fazies. Die reichsten Vererzungen sind oft an Spezialfalten gebunden. Die durchschnittlich 2 bis 3 m, ausnahmsweise bis 20 m mächtigen Gänge verlaufen meist N/S oder SW/NE und können 500 bis 1000 m lang sein. Oft vereinigen sie sich zu ausgedehnten Gangzügen. Stellenweise hat man sie bis zu einer Teufe von 1200 m aufgeschlossen. Konzentrationen von sulfidischen Blei-, Zink- und Kupferverbindungen, gelegentlich auch von Kobalt und Nickel, ließen sich oft zusammen mit dem Eisenerz verwerten.

Während die Siegerländer Erzlager als hydrothermale Bildungen verstanden werden, sind die Lagerstätten vom Lahn-Dill-Typ in ihrer Herkunft marine Roteisenerz-Flöze, die aus eisenreichen Aushauchungen (Exhalationen) stammen. Sie wurden ebensolange wie die Siegerländer Vorkommen abgebaut. Die noch vorhandenen Reserven sollen sich auf 10 bis 20 Mio. t belaufen. Der Eisengehalt der kalkigen oder kieseligen Roteisenerze beträgt 25 bis 50%. Zumeist liegen die annähernd linsenförmigen Vorkommen in oder auf Schichten von Diabastuff, was mit ihrer Entstehung in Zusammenhang mit dem ausklingenden mitteldevonischen Vulkanismus leicht erklärt wird.

Nächst den Eisenerzen sind die Buntmetallerze für unser Gebiet von hoher Bedeutung. Neben zahlreichen isolierten Vorkommen im gesamten Rheinischen Schiefergebirge sind in unserem Zusammenhang zwei Hauptvererzungsgebiete erwähnenswert: die Müsener und die Emser Gangzüge. Im Emser Unterdevon rechnet man mit mehr als 50, oft ziemlich mächtigen Gangmitteln, die auf eine Teufe von über 1000 m hinabreichen. Trotz intensiven Abbaues in den berühmten Gruben von Bad Ems, Holzappel und Koblenz (Mühlenbach), der ungefähr 1,9 Mio. t Metall (Zink, Blei, Kupfer, Silber) lieferte, darf man teilweise noch immer mit abbauwürdigen Vorräten rechnen.

Die Erze lagen nicht von Anfang an in ihrer heutigen bunten Palette vor. Bezeichnenderweise sprach der Gangbergbau von primären und sekundären Tiefenunterschieden. In der sekundären Zone, auch Oxi-

dationszone genannt, erfahren die Erze am Ausgehenden der Gänge charakteristische Umwandlungen. So wird etwa Spateisenstein zu Brauneisenstein, Bleiglanz zu Weißbleierz oder Kupferkies zu Malachit. Aus diesem „Eisernen Hut" wurden die ursprünglichen Sulfide und ihre Umwandlungsprodukte vom Wasser ausgelaugt und in einer tieferliegenden Zementationszone ausgeschieden. In ihr können deswegen oft Bleiglanz, Fahlerz und Kupferkies stark angereichert sein oder Edelmetalle auftreten, wie etwa Silber in Wilnsdorf (Landeskrone) oder Salchendorf (Frauenberger Gänge).
In der Tiefe verrauhen die Gänge und werden für den Bergbau meist unergiebig (Ausnahme Holzappel).
Die Lagerstätten haben ihre oben angedeuteten sekundären Umbildungen wohl durchweg während der Tertiärzeit erfahren. Diese erdgeschichtliche Epoche hat außerdem, wie schon gesagt, in Teilen unseres Exkursionsgebietes zusätzliche Lagerstätten geschaffen. Bis 1960 ging im Westerwald der Bergbau auf Braunkohle um. Die Kohle mußte unter Tage abgebaut werden und wies nicht immer den geforderten Reinheitsgrad auf, um gegen die rheinische Konkurrenz bestehen zu können. In der Grube Alexandria in Höhn/Westerwald förderten 1959 immerhin noch 84 Bergleute 30 000 t Braunkohle.
Dagegen sind die im Tertiär entstandenen Tonvorkommen von erheblicher Bedeutung geblieben, zumindest im westlichen Westerwald (Kannenbäckerland). Großmaßstäblich werden sodann im Westerwald die Basalte abgebaut. Auch die Vorkommen der paläozoischen und tertiären Quarzite, von Kalkstein und Dolomit, Dachschiefer und Diabas werden gewinnbringend ausgebeutet.

Limonit, Herdorf

Geschichte des Bergbaues

Der Begriff „Bergbau" hat einen nicht unerheblichen Bedeutungswandel erlebt. Entgegen der landläufigen Vorstellung, es sei damit nur die Gewinnung von Bodenschätzen unter Tage gemeint, haben die Territorialherren seit dem ausgehenden Mittelalter und die Staaten des 19. Jahrhunderts durch ihre Gesetze die Bedeutung des Wortes erweitert und präzisiert. Aber noch heute sind wichtige Verfahren zur Gewinnung von Bodenschätzen nicht Bergbau im Sinne des Gesetzes. Aus der Sicht des geologisch oder mineralogisch interessierten Naturfreundes ist aber jede Abbauform interessant, ob sie nun Erzen, Steinen und Erden gilt oder ob sie im Tagebau oder unter Tage erfolgt, wenn sie nur „Aufschluß" über die Natur unserer Erde liefert.

Sicher ist, daß bereits während der La-Tène-Zeit (etwa 500 bis 100 v. Chr.) das Siegerland ein wichtiges Zentrum der keltischen Eisengewinnung und -verhüttung gewesen ist. Auch im Lahngebiet dürfte um die Zeitenwende die Eisenerzgewinnung bekannt gewesen und betrieben worden sein.

Schnitt durch einen Windofen (stark schematisiert).
1 Erz; 2 Flamme; 3 Gicht; 4 Rinne für Schmelzfluß; 5 Hangwind-Eintritt.

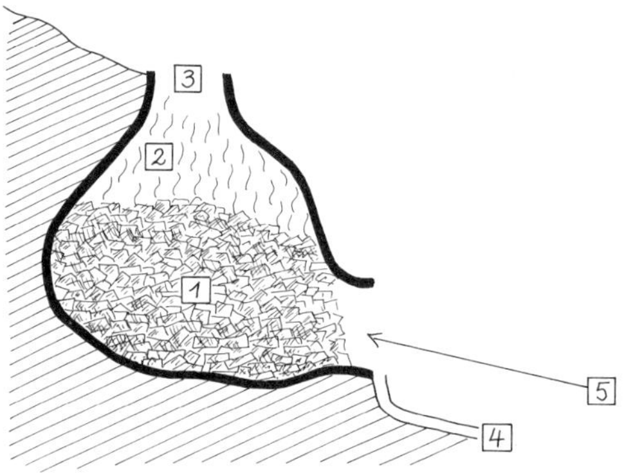

Im Mittelalter erlebte der Bergbau eine neue Blüte. Nach der wohl ältesten schriftlichen Nachricht aus unserem Raume bezog das Kloster Lorsch um das Jahr 780 n. Chr. Eisen aus dem Weiltal. Für die Abtei Fulda ist 912 ein Eisenzins bei Weilmünster bezeugt. Die erste urkundlich erwähnte Grube des Siegerlandes dürfte wohl die Grube Landeskrone (früher Ratzenscheid) bei Wilnsdorf sein, die 1298 nassauisches Lehnsgut ist. Nur 15 Jahre später wird ein Müsener Steinberg aktenkundig, womit der Stahlberg oder aber der Altenberg gemeint sein könnten. Im Mittelalter war der Bergbau Vorrecht der Landesherren, in unserem Raum also hauptsächlich der Grafen von Nassau. Ihre Beamten führten die Aufsicht über den Bergbau. Aus alten Gewohnheitsrechten bildeten sich im 15. Jahrhundert bergrechtliche Verordnungen. Ungefähr zur gleichen Zeit schlossen sich Bergleute zu ersten „Gewerkschaften" zusammen. Die Erlaubnis zur Ausbeute, die Mutung, war Voraussetzung zur Verleihung von Schürfrechten.

Der Abbau begann an der Oberfläche, indem man den anstehenden Eisenstein schürfte, wovon mittelalterliche „Pingen" oder „Mollkauten" an vielen Stellen Zeugnis ablegen. Mit dem Vordringen in die Tiefe ging man dazu über, Schächte anzusetzen und mit einem Handhaspel das Gestein zu fördern. Der zusätzliche technische Aufwand erforderte höhere Investitionen. Aus der veränderten Situation werden die erwähnte Kodifizierung des Bergrechtes und die Gewerkschaftsbildungen verständlich.

Seinen Höhepunkt erreichte der Bergbau wohl in den Jahren vor dem Ersten Weltkrieg. Damals wurden allein im Siegerland 2 Millionen Tonnen Erz gefördert. Zwischen den Weltkriegen waren im Lahn-Dill-Gebiet fast 50 Erzgruben in Betrieb. Im Jahre 1950 lag die Siegerländer Erzförderung noch bei 1,2 Millionen Tonnen. Hohe Förderkosten,

Der aus dem Bergischen Land stammende Holzschnitzer Brabeneck hat kurz vor dem Krieg die Arbeit der Bergleute künstlerisch dargestellt. Der Holzfries ziert ein dreihundertjähriges Fachwerkhaus in Daaden, in dem heute die Volksbank untergebracht ist.

schwieriger Abbau, kostenintensiver Abtransport und starke Auslandskonkurrenz ließen den Erzbergbau wirtschaftlich uninteressant werden. Im Siegerländer Revier schlossen 1965 die Gruben Füsseberg und Georg als letzte. Im Lahn-Dill-Gebiet konnte der Rückgang des Eisenerzbergbaus durch die Gewinnung von Steinen und Erden zum Teil aufgewogen werden.

Schon die Kelten verstanden sich auf die **Eisenverhüttung.** An zugigen Hängen bauten sie einfache Lehmöfen, die mit Erz und Holzkohle beschickt wurden, wozu die obere Öffnung, die Gicht, diente. Unten wurde ein Windkanal angeschlossen, der zum nahen Bachlauf gerichtet und mit Steinplatten ausgekleidet war. Zahlreiche Bodenfunde gestatten die zuverlässige Rekonstruktion der vorgeschichtlichen Erzschmelzen und den Nachvollzug des Verfahrens. Die erforderliche Kohle wurde aus dem Holz der Wälder gebrannt. Alte Meilerplätze sind noch allenthalben auszumachen.

Im Mittelalter lernte man, die Rennöfen mit fußbetriebenen Blasebälgen aufzuheizen. Infolge der höheren Temperaturen floß die Schlacke leichter in die vorbereiteten Rinnen ab. Das Eisenstück, Luppe oder Wolf genannt, mußte anschließend aus dem Ofen gebrochen und geschmiedet werden.

Um 1300 dürfte bereits Wasserkraft für die Gebläse ausgenutzt worden sein. Dadurch wurde die Konstruktion von Hochöfen von 2 bis 4 Metern Höhe

möglich. Dank der großen Hitze floß nun Roheisen aus, das dann in Frischfeuern oder Hammerwerken in schmiedbares Eisen umgewandelt werden mußte oder in Formen gegossen wurde.
Der ungeheuere Holzbedarf erlaubte nur einen zeitweiligen Betrieb der einzelnen Öfen, damit die Reihe an jeden kam. Eine solche Hüttenreise dauerte 48 bis 60 Tage. Erst mit der Inbetriebnahme der Eisenbahnlinien an Lahn und Sieg 1851/52 konnte leicht Ruhrkohle herangeschafft werden. In den zum Teil neu erstehenden Hüttenwerken waren jetzt Hochöfen von 20 bis 30 Metern Höhe möglich. Die Gichtgase gelangten in turmartige Winderhitzer oder beheizten angeschlossene Dampfkessel.
Während in dem hier gegebenen Zusammenhang auf technische Einzelheiten nur am Rande, auf die Hüttenprodukte überhaupt nicht eingegangen werden kann, muß aber auf eine landschaftliche Besonderheit hingewiesen werden. Der große Holzkohlenbedarf erzwang jahrhundertelang eine eigentümliche Waldbewirtschaftung im Siegerland und Dillgebiet, den **Hauberg.** Es handelt sich dabei um eine Verbindung von Feld-, Wald- und Weidewirtschaft. Ein Niederwald aus Eichen und Birken wurde alle zwanzig Jahre geschlagen. Man gewann außer dem Kohlholz für die Meiler auch Brennholz. Eichen wurden zunächst nur entästet und teilweise geschält. Die Rinde ließ man am Stamm trocknen und lieferte sie dann an die Sohlledergerbereien. Nach erfolgtem Kahlschlag diente der Hauberg anfangs zum Anbau von Winterroggen, vom siebten bis zum neunten Jahr als Sommerweide für das Rindvieh. Erst die Möglichkeit, leicht und preisgünstig Steinkohle heranzuführen, nahm den Haubergen ihre Bedeutung für die Eisenverhüttung.
Über die Geschichte des Bergbaues an Lahn, Sieg und Dill gibt es eine Fülle an Literatur, auf die ausdrücklich hingewiesen sei.

Siegerland und Lahn-Dill-Gebiet als Studienobjekt

Ein Blick in die geologische und mineralogische Spezialliteratur vermittelt rasch einen Eindruck davon, wie sehr die Landschaft an Lahn und Sieg Gegenstand wissenschaftlicher Forschungen gewesen ist. In erster Linie haben selbstverständlich die wirtschaftlich bedeutenden Bodenschätze diesen Studien Vorschub geleistet. Aber auch die auftragsfreie Wissenschaft hat sich unserem Gebiet nachhaltig gewidmet. Günstige Aufschlußverhältnisse oder ergiebige paläontologische Fundpunkte lieferten wesentliche Einblicke in die Devon- und Tertiärgeologie. Nicht zuletzt hat der Sammlerfleiß von Bergleuten und Liebhabern prächtige Stufen und interessante Kleinstmineralien der wissenschaftlichen Mineralogie überwiesen.
Es würde zu weit führen, die gesamte Forschungsgeschichte an dieser Stelle aufzurollen. Es ist aber reizvoll, auf die Fachsprache von Geologie, Paläontologie oder Mineralogie zu hören, in der etliche Bezeichnungen zeitweilig oder dauernd Geltung bekamen, die mit unserem Gebiet aufs engste verknüpft sind.
Zwei wichtige Gesteinspakete des Unterdevon heißen *Siegen* (Siegenium) und *Ems.* Die Ems-Schichten hießen ursprünglich *Koblenz-Schichten.* Innerhalb beider werden weitere Gesteinsfolgen unterschieden, die zum Teil nach Orten unseres Exkursionsgebietes benannt sind. So kennen wir im Siegen beispielsweise die Bänderschiefer mit Grauwackenbänken der *Kirchener Schichten,* etwas darüber die

Posidonia becheri, **eine Leitform des Kulm von Herborn; Weinberg. Die Muschelschalen werden bis etwa 5 cm groß.**

Grauwacken und Bänderschiefer der *Betzdorfer Schichten.* Im Mittleren Siegen trifft man auf die Wildflasergrauwacke der *Seifener Schichten.*

Im Unter-Ems lagern die *Vallendar-,* darüber die *Nellenköpfchen-Schichten.* Im Ober-Ems tragen die *Hohenrheiner Schichten* ihren Namen nach einer Örtlichkeit bei Lahnstein. Eine bestimmte Schicht des Karbon, die Pericyclus-Stufe (zwischen Tournai und Visé), erhielt die Bezeichnung *Erdbachium.*

Aus naheliegenden Gründen sind alle tektonischen Spezialbildungen nach Ortschaften des betreffenden Gebietes katalogisiert worden und in die Literatur eingegangen.

Die Schichtenfolgen weisen mitunter Gesteine auf, die ganz speziellen Charakter haben und infolgedessen nach ihrem Vorkommen benannt worden sind. Im Unterdevon ist der *Ems-Quarzit* von landschaftsprägender Bedeutung. Blaugrüne sandige Schiefer des Oberen Siegen sind die *Daadener Schiefer.* Wegen ihrer Fossilien wurden die *Wissenbacher Schiefer* auch bei Liebhabern berühmt. Unterschieden werden die mitteldevonischen *Greifensteiner, Günteroder* und *Ballersbacher Kalke* sowie die unterkarbonischen *Erdbacher Kalke.* Die *Dillenburger Tuffe* und *Gießener Grauwacken* sind allerdings mittlerweile aus dem Sprachgebrauch ausgeschieden. Die *Langenaubacher Tuffbrekzie* stellt eine einmalige Erscheinung dar. Selbst die Flußgerölle, die in der Tertiärzeit zu Tal geschleppt und bei uns abgelagert wurden, haben nahe der Lahnmündung einen eigenen Charakter, so daß man von den *Arenberger* oder *Vallendarer Schottern* spricht.

Für die Altersbestimmung von Gesteinsschichten können bekanntlich die eingeschlossenen Fossilien von ausschlaggebender Bedeutung sein. Nach dem Siegen benannt wurden die Schnecken *Turbonitella sigana* und *Strophonella sigana,* die vor 1936 als neue Arten an der Unkelmühle bei Eitorf entdeckt worden sind. Im Namen des Armkiemers (Brachiopode) *Rhensselaeria (Rhenorhensselaeria) confluentina* dienen die Koblenz-Schichten als Artbezeichnung. Unschwer ist bei *Homalonotus rudersdorfensis* der namengebende Siegerländer Ort in der Artbezeichnung wiederzuerkennen. Im Kulm, wie es bei Herborn ansteht, kommt die Muschel *Posidonia becheri* als charakteristisches Fossil vor. Sie ist nach dem Dillenburger Bergrat BECHER benannt. Herborn ist auch verewigt in dem Namen des Stachelhäuters *Meeckechinus herbonensis* und des „Urkrebses“ *Archegonus aequalis herbonensis,* der 1967 am Fundpunkt „Weinberg“ entdeckt wurde. Der urzeitliche Schachtelhalm *Archaeophyllum spitzeri* wurde nach dem Herborner Sammler Stephan SPITZER benannt, um den unentbehrlichen Beitrag der Liebhaberforscher für die Wissenschaft zu würdigen, wie der Namengeber Prof. LEISTIKOW ausdrücklich betont hat. Auch der Herborner Diplom-Ingenieur Dr. Wolfdietrich BINDEMANN kam auf diese Weise zu nomenklatorischen Ehren. Da ihm der beinahe einmalige Fund des Kauapparates eines fossilen Stachelhäuters am Fundpunkt „Weinberg“ gelang (1938), erhielt 1950 der Trilobit *Carbonocoryphe bindemanni* seinen Namen. Später wurde auch der Goniatit *Girtyoceras bindemanni* nach ihm benannt. Aus dem Oberdevon des Scheldetales stammt der Dreilapper (Trilobit) *Drevermannia (Formonia) scheldana,* aus dem Unterkarbon von Erdbach *Liobole glabra erdbachensis.* Gleichfalls in der Dill-Mulde wurden die Goniatiten *Crickites scheldensis* und *Monticiceras bickense* festgestellt.

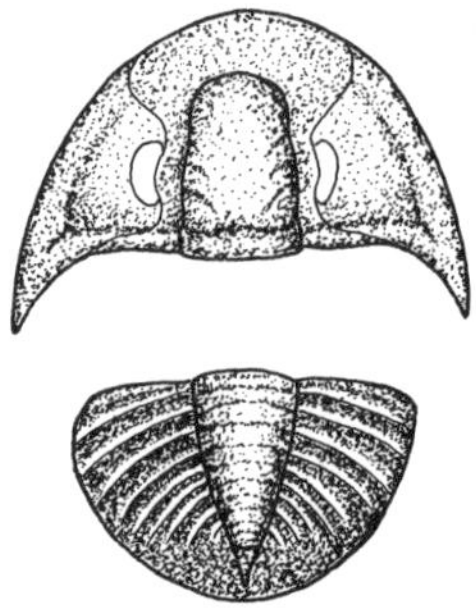

Carbonocoryphe bindemanni

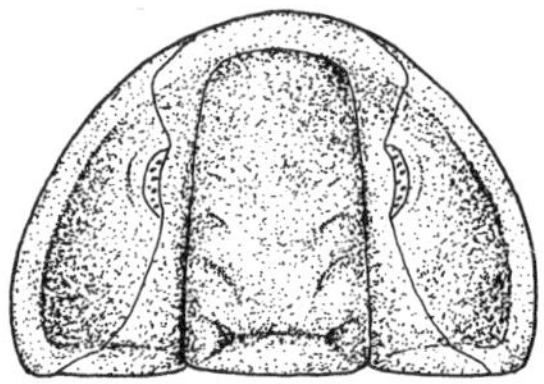

Liobole glabra erdbachensis

Mehrere Mineralnamen stammen von Fundpunkten im Westerwald. Um den Leser nicht allzusehr zu beschweren, seien sie in alphabetischer Reihenfolge aufgezählt.

Der *Dernbachit,* heute *Beudantit* genannt, hatte seinen Namen von der Grube Schöne Aussicht bei Dernbach. *Eleonorit* ist eine Varietät des Beraunit, der nach der aufgelassenen Brauneisensteingrube Eleonore bei Bieber am Dünsberg benannt wurde. Von dort erhielt auch das Mineral *Bieberit* seinen Namen. Die *Emser Tönnchen* sind eine in Bad Ems anzutreffende Kristallform des Pyromorphit. Der „rubinrote Eisenglimmer“ von der Eisenzeche bei Eiserfeld wurde bereits 1806 *Goethit* genannt. Bekanntlich hat GOETHE aus geologischem Interesse das Lahngebiet und den Westerwald bereist und in Holzappel Mineralien gesammelt.

Weitere nach Fundorten des Siegerlandes oder des Lahn- und Dillgebietes gebildete Mineralnamen sind *Herbornit, Siegenit, Müsenit* und *Staffelit.*

Geologie

Unser Interesse gilt den verschiedenartigen Locker- und Festgesteinen samt ihren mineralischen und biogenen Einschlüssen. Ihre heutige Verbreitung an der Erdoberfläche und in der Tiefe ist eine Folge von erdgeschichtlichen Ereignissen, die sich über unerhört lange Zeiträume erstreckt haben. Vorgänge im Erdmantel, über den noch wenig bekannt ist, haben Bewegungen der Erdkruste ausgelöst. Große Gesteinspakete und -schollen wurden gehoben, gesenkt, zur Seite bewegt, gepreßt oder gedehnt.

Lockergesteine bilden innerhalb unseres Exkursionsgebietes nur im Lahn- und Siegtal stellenweise mächtigere Schichten. Meist lagern sie nur geringmächtig über den Festgesteinen, wenn diese nicht gar bis zur Oberfläche hin ausstreichen. Die Festgesteine stammen zum einen aus im nachhinein verfe-

Vereinfachte Darstellung der großen geologischen Einheiten des im Buch behandelten Gebietes.

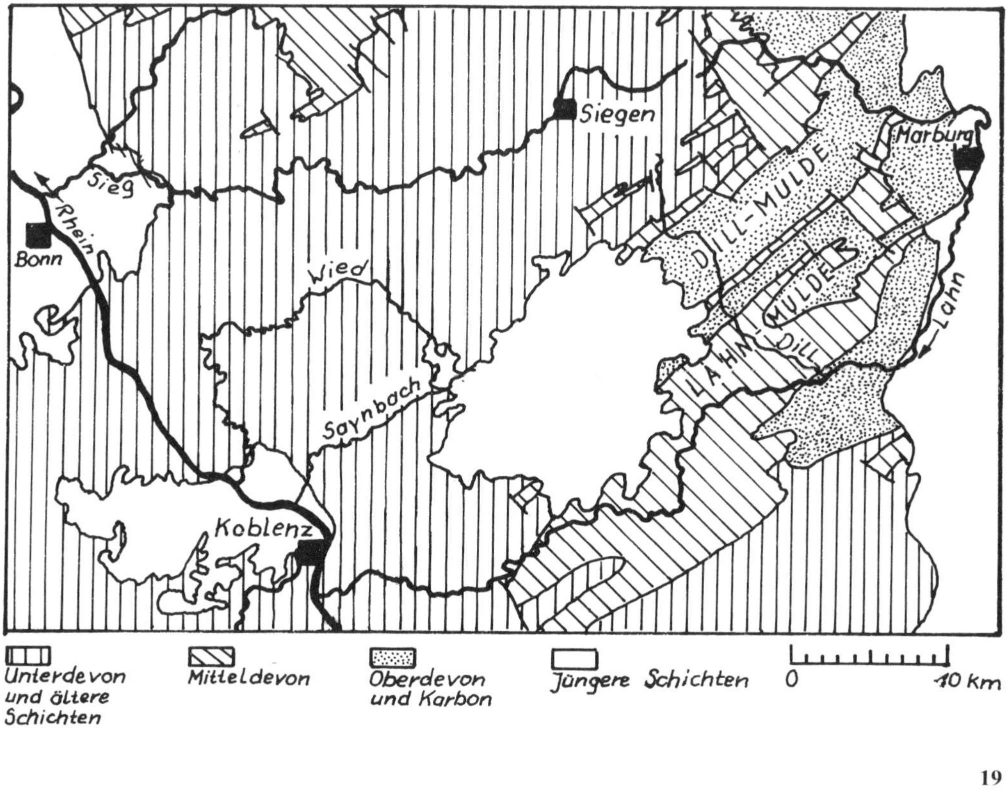

Bielsteiner Sattel
Wiehler Mulde
Stockheimer Sattel
Homburger Mulde
Nümbrechter Sattel
Waldbröler Mulde
Ruppichterother Mulde
Morsbach
Morsbach-Müsener Schollensattel
Störung von Morsbach
Morsbacher Abbruch
Block
Hauptaufschiebung
Siegener Schuppensattel
Siegener Hauptaufschiebung
Sattel von Hönningen-Seifen
Basalt-Decke des Westerwaldes
Sackpfeifen-Überschiebung
Dill-Mulde
Eisemröther Überschiebung
Endbacher Überschiebung
Hörre-Zone
Weidbacher Überschiebung
Wetzlarer Überschiebung
Lahn-Mulde
Usinger Mulde
Neuwieder Becken
1869

Karte: Geologische Struktur (1:500000) des im Buch behandelten Gebietes. Aus Deutscher Planungsatlas, Band I: Nordrhein-Westfalen, Lieferung 8 (Geologie). Wiedergabe mit freundlicher Genehmigung des Geologischen Landesamtes Nordrhein-Westfalen, Krefeld.

Sediment-Serien (Quartär abgedeckt)

Tiefenlage der Basis

Tertiär
- über NN
- 0 bis − 500 m
- − 500 bis −1000 m
- −1000 bis −1500 m
- tiefer als −1500 m

Oberkreide
- über NN
- 0 bis − 500 m
- − 500 bis −1000 m
- −1000 bis −1500 m
- −1500 bis −2000 m
- tiefer als −2000 m

- Unterkreide und Jura
- Keuper
- Muschelkalk, Buntsandstein und Perm
- Oberkarbon
- Unterkarbon und Oberdevon
- Mitteldevon und Oberes Unterdevon (Ems)
- Tieferes Unterdevon (Siegen, Gedinne)
- Vordevon, z. T. kaledonisch vorgeformt

Ränder ausgewählter Sedimentserien

- kro — Oberkreide (im Niederrheingebiet nur teilweise dargestellt)
- j — Unterkreide und Jura (nur teilweise dargestellt)
- j — Münder-Mergel-Salz (Oberjura)
- z — Zechstein-Salz
- p — Perm (im Niedersächsischen Tektogen nicht dargestellt)
- st — Stefan } Oberkarbon
- w — Westfal } Oberkarbon

Krustenbewegungen u. Strukturen

Noch andauernde Bewegungen

- aktive Verwerfung (Quartär noch verstellt)
- 1878 — Erdbeben größerer Intensität (Epizentrum), mit Jahreszahl, als Anzeichen noch andauernder Schollenbewegungen

Abgeschlossene Bewegungen

Stellenweise ist der Verlauf der Strukturen allein durch Einschreibung des Namens angegeben (z. B. Emscher-Mulde)

Strukturen	a) in dem mit Flächenfarbe dargestellten Stockwerk	b) im tieferen, verdeckten Stockwerk
variscischer Sattel	—◊—◊—	—◊—◊—
desgl., vermutet		—◊— —◊—
saxonischer Sattel	—♦—♦—	—◊—◊—
Mulde	—x—x—	—x—x—
Auf- und Überschiebung	▼▼▼	▼▼▼
Verwerfung	——	——
Zone der Südvergenz	////SV////	
Salzstock (Zechstein-Salz)		
Salzkissen (Münder-Mergel-Salz)		

Magmatismus

Nichtorogener (finaler) Vulkanismus

Quartär:

- Ausbrüche basaltischer Vulkanite
- Bi — Ausbrüche trachytischer und phonolithischer Vulkanite (u. a. Bims)

Tertiär:

basaltische Vulkanite:

- geschlossene Basaltdecke
- B — Hauptverbreitung der Ausbrüche
- B — außerhalb der Hauptverbreitung gelegene Einzelvorkommen
- T — Trachyte, Latite und Phonolithe

Orogener Magmatismus in der variscischen Geosynklinale

Diabase (vorwiegend submarine Ausbrüche):

- D_2 — mitteldevonisch bis unterkarbonisch (Lahn-Dill-Mulde u. Kellerwald)
- D_1 — mittel- bis oberdevonisch (weit verstreute Einzelvorkommen nicht dargestellt)

- P_1 P_2 — Quarzporphyre, mitteldevonisch oder jünger
- K — (Quarz-) Keratophyre u. zugehörige Tuffe, unterdevonisch (ungefähre Verbreitung der Hauptvorkommen)

Vermutlich vordevonischer (kaledonischer) Plutonismus

- To — Tonalit des Venn-Sattels

stigten Sedimenten. Vulkantätigkeiten haben überdies an mehreren Stellen Magma an die Erdoberfläche gefördert, das dann zu Gestein erstarrte.
Im Laufe der angedeuteten Entwicklungsprozesse wurde, wie schon gesagt, die Erdoberfläche schollenartig zerlegt. Unser Exkursionsgebiet liegt innerhalb einer solchen Großscholle, dem Rheinischen Schiefergebirge. Es hebt sich deutlich ab im Nordosten vom Niederländisch-Niederrheinischen Tertiärbecken, im Südosten von der Hessischen Senke und dem Oberrheingraben.

Paläozoikum

Das Gesteinsfundament des Siegerlandes und des Lahn-Dill-Gebietes entstand während des Erdaltertums (Paläozoikum). Die einzelnen Phasen und Produkte sollen wegen ihrer Bedeutung etwas eingehender geschildert werden.

Sedimentgesteine und Schichtenfolge

In fleißiger Kleinarbeit konnte der zeitliche Ablauf der geologischen Vorgänge rekonstruiert werden. Die räumlich übereinanderliegenden Gesteinsschichten wurden als ein zeitliches Nacheinander aufgefaßt. Das Studium der Schichtenfolgen, die Stratigraphie, ließ die tabellarische Auflistung in Zeitalter, Formationen und Stufen zu. Ein wichtiges Mittel zur Feindatierung bildeten die Fossilien, von denen einige als Leitfossilien regelrechte Zeitmarken liefern.
Nur an zwei Stellen treten nahe unseres Gebietes vordevonische Gesteine zutage: westlich Marburg an der Dammühle und südlich Gießen in der Lindener Mark. Es handelt sich hauptsächlich um Tonschiefer und Kalke, die im Silur abgesetzt wurden. Während dieser Periode bildete sich im Anschluß an ausgedehnte Krustenbewegungen (kaledonische Gebirgsbildung) ein NE-SW-gerichtetes Meeresbecken aus. Es stieß im Norden an den Old-Red-Kontinent und im Süden an die Mitteldeutsche Schwelle. Diese Festlandgebiete lieferten massenhaft Verwitterungsschutt an, der ins Meer eingeschwemmt wurde und in seiner Beschaffenheit noch heute die Herkunft verrät. Man kann so drei Faziesbereiche unterscheiden: die Old-Red-Fazies in Zonen außerhalb der Meeresbecken, die Rheinische Fazies mit mächtigen sandigen, tonigen oder kalkigen Sedimentfolgen, die in Flachwasserbereichen abgelagert wurden, und die Herzynische Fazies mit geringmächtigen tonigen und kalkigen Ablagerungen aus küstenferneren Stillwasserbereichen. Rheinische und Herzynische Fazies unterscheiden sich auch in der Zusammensetzung der Faunen.
Das zunächst auf den Raum des heutigen Rheinischen Troges beschränkte Meer dehnte sich in der Folge durch Landsenkungen nach Norden und Süden aus. Auch das Relief des Meeresbodens erfuhr Veränderungen. Im Mittel- und Ober-Devon hatten sich schließlich Schwellen und Becken ausgebildet, wodurch die Ablagerungsvorgänge nachhaltig beeinflußt wurden. Stellenweise kam es auch noch im Unteren Karbon zu Ablagerungen in unserem Raum.
Die heutige Abgrenzung des Rheinischen Schiefergebirges entspricht keineswegs dem früheren Küstenverlauf. Abtragung, Störungen und Verwerfungen haben die einstigen Grenzen verwischt, so daß das heutige Rheinische Schiefergebirge nur noch einen Ausschnitt aus dem viel ausgedehnteren Meerestrog von einst, der variskischen Geosynklinale, darstellt. Im Osten unseres Exkursionsgebietes läßt sich gut verfolgen, wie Ober-Devon und Karbon vom Perm überdeckt werden und schließlich völlig unter jüngere Gesteinsschichten (Buntsandstein, Tertiär) abtauchen.
Die abgelagerten Sedimente sind stark verfaltet und auch verschiefert worden, blieben aber durchweg von stärkeren Veränderungen (Metamorphosen) verschont. Stellenweise drangen Ergußgesteine wie Diabase und Keratophyre in die Sedimente ein und wurden mit diesen verformt.
Das Devon (405–350 Mio. J.) gliedert sich deutlich in drei Abteilungen, innerhalb derer mehrere Stufen unterschieden werden können.

Unter-Devon (405–370 Mio. J.)
Das Trogtiefste lag zunächst in der Südhälfte des heutigen Rheinischen Schiefergebirges. Gegen Ende

Pleurodictyum problematicum, **eine für das Unter-Devon charakteristische tabulate Koralle, oft mit eingeschlossenem parasitärem Wurm (?); Siegen-Schichten; Hütte bei Hachenburg.**

dieser Periode hatte sich die Trogachse nach Norden verlagert. Unabhängig davon bestand im Süden der kleinere Lahn-Dill-Trog. Quarzite, Grauwacken und Tonschiefer sind die vorherrschenden Gesteine. Blau- bis hellgraue Gesteine der Rheinischen Fazies stehen den rötlichen der Old-Red-Fazies gegenüber. Der Begriff Grauwacken wird hier entsprechend der allgemeinen Gepflogenheit gebraucht. Strenggenommen gibt es im rheinischen Unterdevon und damit im Siegerland keine Grauwacken, sondern nur Sandsteine ohne die eckigen Tonschieferfetzen, die ein besonders typischer Bestandteil der Grauwacken sind. Erst im Kulm unseres Gebietes treten echte Grauwacken auf.

Die älteste Schichtenfolge des Unter-Devon, die Gedinne-Stufe, begegnet uns nur im nördlichen Siegerland. Wahrscheinlich ins Gedinne gehören Gesteine, die bei Müsen zutage treten (Müsener Schichten). Wolfshorn, Kindelsberg und Martinshardt, die als landschaftsprägende Bergzüge in Erscheinung treten, markieren drei Schuppenzonen aus Tonschiefern, Quarziten, Sand- und Siltsteinen des Gedinne. Da nur schwerbestimmbare Fossilien (Ostrakoden) vorliegen, kann die Zuordnung des Gesteins nur aus den Lagerungsverhältnissen abgeleitet werden. Drei Folgen lassen sich unterscheiden: Zuunterst eine tonreiche, dann eine sandreiche und schließlich eine obere Rotschiefer-Folge. Die Quarzite sind als Einzelpakete eingeschaltet oder auch in längeren Gesteinszügen.

Von den jüngeren Siegener Schichten unterscheidet sich das Gedinne von Müsen vor allem durch den Gehalt an Pyrophyllit, der hier in sandigen Gesteinen festgestellt worden ist. Hellgraue Sandsteine und blaugraue Tonschiefer beherrschen die Siegen-Stufe (Siegenium), die für den weitaus größten Teil unseres Gebietes den Gesteinsuntergrund bildet. Sie erreicht im Siegerland eine Mächtigkeit von 5000 m.

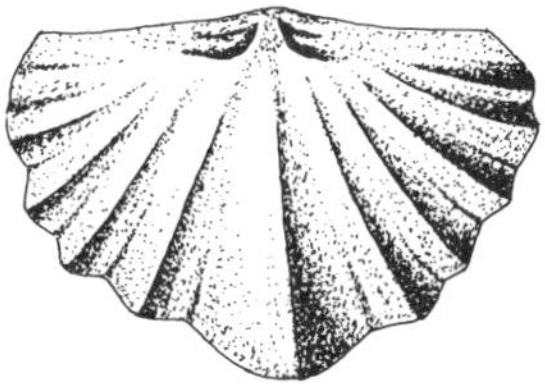

Acrospirifer primaevus, **Armklappe**

Acrospirifer primaevus, **Stielklappe**

Leitfossil ist *Acrospirifer primaevus.* Unterschiedliche Eigenschaften in der Textur der sandigen und schiefrigen Gesteine sowie deren wechselnde Verteilung haben eine Untergliederung des Siegen ermöglicht.

Das Ablagerungsgebiet für die Gesteine der Siegen-Stufe war ein heute etwa 150 km breiter Streifen, der sich ungefähr zwischen Köln und dem Nahegebiet erstreckt. Innerhalb des Meeresarmes bildeten sich kleinere Spezialtröge mit je eigener Ablagerungsgeschichte aus. Es ist eine dreifache Untergliederung des Siegen möglich geworden, die sich weniger auf Fossilien als auf petrographische und tektonische Daten stützt. Die Bedingungen der Sedimentation wechselten dauernd, veränderten den Rhythmus der Ablagerung und die Umlagerung der Schüttungen. Das Siegen charakterisieren durchweg Brachiopoden. Sicheres Leitfossil ist *Acrospirifer primaevus.* Nach anfänglicher Faunenarmut entfaltet sich bald der ganze Reichtum marinen Lebens. Es ist gelungen, durch genaue Interpretation der Funde die Lebensräume (Ökotope) des Devonmeeres zu rekonstruieren. Besonders ergiebig erwiesen sich innerhalb unseres Exkursionsgebietes die Fundpunkte Seifen im Holzbachtal (Mittleres Siegen) und Unkelmühle bei Eitorf (Oberes Siegen). Der Fundpunkt Hüllbuche bei Daaden wurde früher zum Oberen Siegen gerechnet, ist aber ins Unter-Ems zu stellen. Sieht man von der nur lokal (Dammühle, Hermeshausen) bekannten Erbslochgrauwacke an der Obergrenze des Siegen ab, so ist diese Stufe für das Lahn-Dill-Gebiet ohne größere Bedeutung. Einzelheiten über Gliederung, Ausbildung und Fauna des Siegen vermittelt übersichtsweise die beigefügte Tabelle (S. 171).

In der Ems-Stufe, die sich ohne Schichtlücke anschließt, bestimmen neben Sandsteinen und Quarziten besonders Tonschiefer das Bild der Sedimentgesteine. Leitfossilien sind *Acrospirifer arduennensis, A. pellico* und *A. paradoxus.* Auch hier ist eine weitere Untergliederung möglich.

Während der Ems-Stufe (früher Koblenz-Stufe) lag das Trogtiefste ungefähr auf der Linie Luxemburg – Koblenz. Bald sollte sich die Siegener Schwelle ausbilden und keine Sedimente mehr aufnehmen. Zu dieser Zeit begann sich auch erstmals Keratophyr-Vulkanismus zu regen. Ferner drangen Ausläufer der böhmisch-herzynischen Fazies (Erbslochgrauwacke) westwärts vor. Fast alle Fossilgattungen sind schon aus dem Siegen bekannt.

Innerhalb des Ems hatte sich das Zentrum der Geosynklinale ständig verlagert, was eine Untergliederung dieser Stufe erschwert.

An der Unteren Lahn im Raum Koblenz – Bad Ems sind diese Schichten stellenweise sehr fossilreich. Es handelt sich bei allen unterscheidbaren Unterstufen um marine Ablagerungen. Nur die Nellenköpfchen-Schichten vom Ehrenbreitstein verraten vorübergehende Verlandung. Einzelvorkommen des Ems lassen sich bis in das Lahn-Dill-Bergland verfolgen, wo sich auch die berühmten Fundpunkte Mandeln und Haiger Papiermühle befinden.

Zwei Schlangensterne (Ophiuroidea) aus Hirtscheid, wohl die einzigen aus dem Westerwälder Unter-Devon bekannten Exemplare; Siegen-Stufe.

In die Ems-Schichten sind mehrere Tuffit-Lagen von keratophyrischer Zusammensetzung eingeschaltet.

Mittel-Devon (370–359 Mio. J.)

Mitteldevonische Sedimentgesteine, Tonschiefer und Sandsteine haben an Lahn und Dill größere Verbreitung. Die während des Ems anhebende Aufteilung der Sedimentationsräume durch Schwellenbildung setzt sich im Mitteldevon fort. Wir haben deutliche Faziesunterschiede zu berücksichtigen: 1. Kalklinsen-Fazies, 2. Riff-Fazies, 3. klastische Fazies, 4. vulkanische Fazies.

Am Ostrand des Schiefergebirges sind verschiedenmächtige Kalklinsen den Schiefern eingelagert. Sie können isoliert, aber auch in Paketen aus Schichten verschiedenen Alters auftreten. Diese Kalklinsen-Fazies wird nach den Kalkvorkommen bei Greifenstein, Ballersbach und Günterod sowie nach dem Goniatiten *Agoniatites discoides* (*Discoides*-Kalk) in sieben Altersstufen untergliedert, deren jüngste bereits zum Givet gehören.

Den Kalklinsen stehen die Massenkalke oder Stringocephalenkalke gegenüber. Der Zweitname dieser Riff-Kalke rührt von dem Leitfossil, dem großen Brachiopoden *Stringocephalus burtini* her, der im Bergischen Land den volkstümlichen Namen „Eulenkopf“ trägt. Während die Kalklinsen im Lahn-Dill-Bergland westlich von Marburg weitverbreitet

Das Dillgebiet im Mittel- und Ober-Devon (Karl LÖBER, in: Haigerer Hefte, Bd. 1, 1971).
1 Siegener Sattel; 2 Wissenbacher Schiefer; 3 Eifel-Schichten; 4 Schalstein; 5 Gang-Diabas; 6 Korallenriff; 7 Tonschiefer; 8 verschiedene Tuffe; 9 Erzzubringerspalten mit Roteisenstein-Grenzlager; 10 Pflanzen der Strandzone.

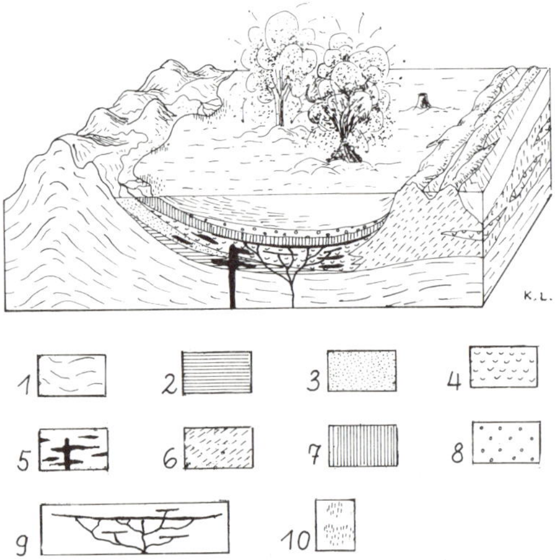

sind, haben die Massenkalke erst am Rande des tertiären Westerwaldes bei Edingen sowie im Raum Limburg – Wetzlar – Biebertal – Gießen ihre Hauptverbreitung.
Die schiefrig-sandige (klastische Fazies) des Mitteldevon ist ungefähr auf der Linie Biedenkopf – Niederscheld verbreitet. Ihr gehören die berühmten Wissenbacher Schiefer an, die man den jüngeren Tentakulitenschiefern entgegenstellt. Nicht nur der Dachschieferbruch von Wissenbach, auch die bekannten Aufschlüsse von Simmersbach, Haiger (Schlierberg), Hartenrod und Gladenbach (Grube Erin) gehören ins untere Mittel-Devon. Schließlich seien in diesem Zusammenhang noch die quarzitischen Sandsteine erwähnt, durch die eine Verengung des Lahntales bei Saßmannshausen und bei der Ludwigshütte bedingt wird.
Die vulkanische Fazies schließlich stellt die Schlußphase der mitteldevonischen Entwicklung dar (S. 31).

Ober-Devon (359–350 Mio. J.)

Oberdevonische Schichtenfolgen sind maßgeblich am Aufbau der Lahn- und der Dillmulde beteiligt und daher von besonderem Interesse. Ein starkes Relief im Ablagerungsraum hat dort die Ausbildung sehr unterschiedlicher Gesteine veranlaßt. Infolge der nunmehr starken morphologischen Gliederung der Geosynklinale in Becken- und Schwellenbereiche liegen auf engstem Raum sandig-tonige Sedimente und Riffkalke oder Cephalopodenkalke eng beieinander.
Die Sedimente der Adorf-Stufe, die bei Bicken aufgeschlossen sind, bestehen aus hellgrauem, beachtlich reinem Kalk. In Dillenburg und Donsbach erscheinen sie auch als Riffkalke. Diese sind aber nicht bankungsfreie Korallen-Riffkalke, sondern gebankte Stromatoporen-Kalke. Dieser oberdevonische „Massenkalk" wird besser als Iberger Kalk bezeichnet und so deutlich vom Korallen-Riffkalk unterschieden. Ihr hochinteressantes Vorkommen im Raum Breitscheid – Erdbach wird eines unserer Exkursionsziele sein.
Wie im Mittel-Devon sind auch jetzt noch Kalk- und Eisenerzbildung miteinander verknüpft. Die vulka-

Iberger Kalk mit fossilen Einschlüssen, Ober-Devon, Medenbach.

Oben: Stockbildende Korallen, möglicherweise *Disphyllum caespitosum,* **aus dem Ober-Devon von Erdbach; Steinbruch mit Iberger Kalk.**

nische Fazies der Adorf-Stufe ist aus der älteren Literatur unter dem Namen „Buchenauer Schichten" oder „Dillenburger Tuffe" bekannt. Auch die „Aubach-Tuffe" gehören hierher.
Dank des aktiven Vulkanismus dauerte auch die Ausbildung von Eisenerzlagern an. Es sind kleinere Lager, Nachzügler, die bei Oberscheld (Grube Königszug) und Langenaubach (Grube Constanze) abbauwürdig waren. Die Schieferfazies ist in den Bänderschiefern des Adorf gut ausgeprägt, sonst aber dem Mittel-Devon sehr ähnlich. Eine Neuschöpfung des Ober-Devon sind die Kieselschiefer, die im Lahn-Dill-Gebiet weite Verbreitung haben.
Das Höhere Ober-Devon (Nehden, Hemberg, Wocklum-Dasberg) wird aus grauen und bunten Schiefern, kalkigen Sedimenten und Sandsteinen aufgebaut. Wie der bei Langenaubach anzutreffende Bombenschalstein verrät, setzte im Dillgebiet erneut Vulkantätigkeit ein.
Dem hier nur angedeuteten normalen Ober-Devon steht eine im Dillgebiet verbreitete Fazies gegenüber, die eine stark abweichende Sonderprägung erfahren hat. Sie wird als Hörre-Acker-Fazies bezeichnet. Conodontenfunde zeigten, daß diese Fazies zum Ober-Devon und Unter-Karbon gehört. In Fortsetzung des Adorf ist eine Schichtenfolge festzustellen von hellgrauen Kalken, dickbankigen Grauwacken (z. T. quarzitisch), „Plattenschiefern", Dasberg-Kalken, Kieselschiefern und schließlich sogenannten Urfer Grauwacken.

Unten: Goniatit aus dem Kulm bei Erdbach. Externer Sipho und einfache Faltung der Lobenlinie sind charakteristisch für diesen Vorläufer der „Ammonshörner".

Rechts: *Lepidodendron sp.,* **Schuppenbaum aus dem Kulm von Erdbach; Steinbruch Homberg.**

Karbon (350–285 Mio. J.)

Im Dillgebiet streichen auch unterkarbonische Schichten zutage. Diese Sedimente liegen in der Kulm-Fazies vor, d. h. sandig-schiefrig; die Kohlenkalk-Fazies tritt hier nicht auf.

Man gliedert das Kulm in drei Stufen (von unten nach oben):

Gattendorfia-, Pericyclus- und *Goniatites-*Stufe. In weiten Teilen der Dillmulde treten Kulm-Schichten zutage. Die Feingliederung verläuft in der Regel (von unten nach oben) von Alaunschiefern über Kieselschiefer, Alaunschiefer, Tonschiefer bis zu Grauwacken. In der südwestlichen Dillmulde leitet der sogenannte Erdbacher Kalk die Ablagerungsfolge des Unter-Karbon ein. Es ist ein fossilreicher Knollen- und Crinoidenkalk (Kulm II γ), auf den als nächstjüngeres Schichtglied Kulm-Kieselschiefer folgt.

Südöstlich schließt sich der Dillmulde die Hörre-Acker-Zone an. Wie bereits im Ober-Devon ist auch im Kulm hier eine ganz eigene Fazies ausgeprägt. Sie setzt ein mit den Schiffelborner Schichten, die in der Hörre und im Ulmtal nachgewiesen sind und dem Kulm-Kieselschiefer nahestehen. Sie gehen in die auffälligen Kammquarzite über. Dieses sehr widerstandsfähige Gestein tritt auch morphologisch in der Landschaft deutlich in Erscheinung, in der Hörre etwa in den Anhöhen des Wildesteins und des Sandberges (Bl. 5216 Oberscheld).

Südöstlich der Hörre-Acker-Zone steht das Kulm wieder in seiner normalen Fazies an. Kulm-Tonschiefer, in diesem Raume durchweg weitverbreitet, treten nach Osten etwa von Gladenbach an immer mehr zurück. Die Kulm-Grauwacken – früher auch Gießener Grauwacken genannt – bauen beiderseits der Lahn Höhenzüge auf.

Der Deckdiabas-Vulkanismus spielt auch im Kulm noch eine wichtige Rolle. Er wird im Gesamtüber-

Oben: *Listracanthus hystrix,* **Fischflossenstachel aus dem Karbon des Dill-Gebietes, gefunden von Heinz-Carl Bender †, Herborn.**

Links: *Lophocrinus minutus,* **eine kleine Seelilienart, mit Posidonien, 7 cm, aus dem Kulm von Erdbach, gefunden von J. Bremer, Gießen.**

blick über den variskischen Magmatismus noch Erwähnung finden.

Nach dem Unter-Karbon haben aber auch noch andere Vorgänge unser Gebiet nachhaltig geprägt. Die variskische Geosynklinale wurde von gebirgsbildenden (orogonen) Bewegungen erfaßt. Vor allem während der sudetischen Phase sind die devonischen und karbonischen Gesteine verfaltet und verstellt worden. Die Bewegungen setzten schon während der Sedimentationszeiten ein und sorgten für die Ausbildung von Schwellen und Becken auf dem Meeresboden. Aus diesen gingen dann nicht selten Sättel und Mulden hervor. Die Falten verlaufen überwiegend in südwest-nordöstlicher (erzgebirgischer)

Richtung. Teilweise wurden die Gesteine auch verschiefert, wobei diese Schieferung dann gleichfalls erzgebirgisch streicht.

Ergußgesteine

Die Geosynklinal-Sedimente sind in typischer Weise von Gesteinen durchsetzt, die auf vulkanische Ereignisse des Paläozoikum zurückgehen. Grundsätzlich wird zwischen kieselsäurereichen (sauren) und kieselsäurearmen (basischen) Gesteinen unterschieden. Zu ersteren zählen Quarzporphyr und Keratophyr, zur zweiten Gruppe Spilit, Diabas und Schalstein. Zeitlich lassen sich drei Höhepunkte des Magmatismus unterscheiden.
Der erste fiel ins Unter-Ems und hinterließ u. a. im nördlichen Taunus Keratophyrtuffe. Bekannt wurden sie als Porphyroide aus den Singhofener Schichten. Im Sauerland und Bergischen Land finden sich auch Keratophyr-Tuffe in Ober-Ems-Schichten.
Im unteren Mittel-Devon setzte eine neue Folge vulkanischer Förderung ein. Dabei wurden im Dillgebiet und besonders an der Lahn Keratophyre und Quarz-Keratophyre abgesetzt, die zum Teil auch als Gesteinstrümmer (brekziöse oder klastische Form) vorliegen. Im höheren Mittel-Devon bis zur Adorf-Stufe des Ober-Devon traten aus den untermeerischen (submarinen) Förderspalten des Lahn-Dill-Gebietes Natronkeratophyre, Diabase und Tuffe aus. Letztere heißen nach einem Ausdruck der Bergmannsprache auch Schalstein. Dieser wird genauer als „verschieferter basischer Tuff" beschrieben. Die oft genannten Spilite sind umgewandelte Diabase.
Die vulkanische Fazies bezeichnet, wie schon erwähnt, die Schlußphase der mitteldevonischen Entwicklung. Bereits in der Eifel-Stufe sind Tuffe nachweisbar, etwa das Vorkommen bei Simmersbach. Der Vulkanismus fällt in etwa den gleichen Zeitraum wie die Ablagerung der Massenkalke an der mittleren Lahn. Der Diabas erreicht Mächtigkeiten von etwa 700 m.
Die Deckenergüsse sind mitunter in mehreren durch Tuffe getrennten Lagen übereinander geschichtet. Einzelne Laven erstarrten zu „Pillows", das sind „kissenförmige" Körper von runder oder elliptischer Gestalt und einer Länge bis zu ca. 1 m. Blasenzüge und glasige Krusten verraten, daß die Kissen-Lava im Meerwasser relativ plötzlich erstarrte.

Bomben-Schalstein aus der Dasberg-Stufe des oberen Ober-Devon, Langenaubach.

Auch an der Entstehung der Roteisensteinlager im Lahn-Dill-Gebiet war der Magmatismus ursächlich beteiligt. Dabei wurden eisenreiche Gase ausgestoßen. Die so gebildeten eisenreichen Gele setzten sich am Meeresboden in linsenförmigen Nestern oder in Lagern ab. Stellenweise reichen die Erzlager bis ins Ober-Devon. Man spricht dann auch von „Grenzlagern", wie sie etwa bei Langenaubach, Oberscheld und in der Grube Königsberg abgebaut wurden.
Im tieferen Unter-Karbon folgte ein dritter Zyklus submariner Vulkantätigkeit, die im Dillgebiet bis 500 m mächtige Diabasdecken („Deckdiabas") absetzte. Es handelt sich vorwiegend um subeffusive Diabasintrusionen und Ergüsse.
Der unterkarbonische Vulkanismus zeichnet sich

durch sein hohes Fördervolumen aus. Gerade der zuletzt erwähnte Deckdiabas ist ein wesentlicher Baustein der heutigen Landschaft. Die häufig anzutreffende Einteilung und Gleichsetzung von körnigen Diabasen = Intrusivdiabasen oder dichten Diabasen und Diabasmandelsteinen = Effusivdiabas ist für die Praxis wenig hilfreich und wissenschaftlich anfechtbar. Gemeinsam ist den verschiedenen Diabasen, daß sie weniger leicht erodieren. Die Diabasbergzüge zwischen Eckelshausen und dem Schelder Wald oder der Rimberg (487 m) bei Caldern sind vielleicht die eindrucksvollsten Landschaftsteile, die von diesem Gestein aufgebaut werden.
Ein unterkarbonisches Förderprodukt ist auch die Langenaubacher Tuffbrekzie, die wohl gleichaltrig mit dem Erdbacher Kalk sein dürfte.
Zusammen mit den Deckdiabasen treten vornehmlich östlich der Dill Eisenkiesel auf. Diese harten Gesteine ragen des öfteren als bizarre Felsbildungen empor. Bekannt sind etwa die Wilhelmsteine im Schelder Wald und die sogenannte Gladenbacher Schweiz. Bei diesem Gestein handelt es sich um eine Varietät von Quarz, die durch Eisenoxide rot gefärbt ist.
Ein verwandtes Produkt des unterkarbonischen Magmatismus sind die Pikrite, die in etlichen Steinbrüchen noch heute gewonnen werden. Das (frisch) schwarzgrüne Gestein steckt durchweg intrusiv im Diabas oder im Devongestein.
Schließlich müssen als vulkanische Gesteine des Devon oder Karbon noch die Quarzkeratophyre erwähnt werden, die im Wissenbacher Schiefer bei Ballersbach, im Mittel-Devon des Schelderwaldes oder im Kulm-Kieselschiefer bei Eckelshausen und verbreitet an der Lahn angetroffen werden, wo sie in das anstehende Gestein intrudiert sind.
Nach der variskischen Gebirgsbildung war unser Gebiet auf Dauer Festland geworden. Dieses war nun vor allem den Kräften der Erosion ausgesetzt. Innerhalb unseres Raumes finden sich keine nennenswerten Spuren aus dem variskischen Folgestadium (jüngeres Paläozoikum, Mesozoikum). Im Känozoikum aber erfaßt neue Unruhe die Erdkruste und schafft Bedingungen, die wieder „Urkunden“ für den Verlauf der Erdgeschichte liefern.

Känozoikum

Tertiär (67–2 Mio. J.)

Erst das Tertiär hinterläßt wieder Sedimente, die aber nicht mehr marinen Ursprungs sind, weil das Meer seit dem Oberkarbon und Dinant nie mehr unser Gebiet erreicht hat. Platz für Sedimente boten nur durchweg engbegrenzte Binnenbecken. Süßwasser-Tone, -Sande und -Kiese sowie die Braunkohle des heutigen Westerwaldes wurden schon im Mittel-Eozän abgesetzt.
Von viel größerer Bedeutung ist das Einsetzen stärkerer tektonischer Schollenbewegungen während des Jungtertiär. Durch tiefreichende Bruchstellen drangen erstmals seit dem Paläozoikum vulkanische Schmelzen an die Erdoberfläche. Unser Exkursionsgebiet wird regelrecht von vulkanischen Fördergebieten eingerahmt: Siebengebirge, Westerwald und Vogelsberg. Man spricht geradezu von einem Mitteleuropäischen Vulkanbogen, der von der Eifel bis nach Böhmen reicht.

Aufbau des tertiären Westerwaldes über dem Devon (Karl Löber, in: Haigerer Hefte, Bd. 1, 1971).
1 Kalk (Devon); 2 Ton; 3 Braunkohle; 4 Basalt (Decken und Schlote); 5 Basalt-Tuffe; 6 Walkererde.

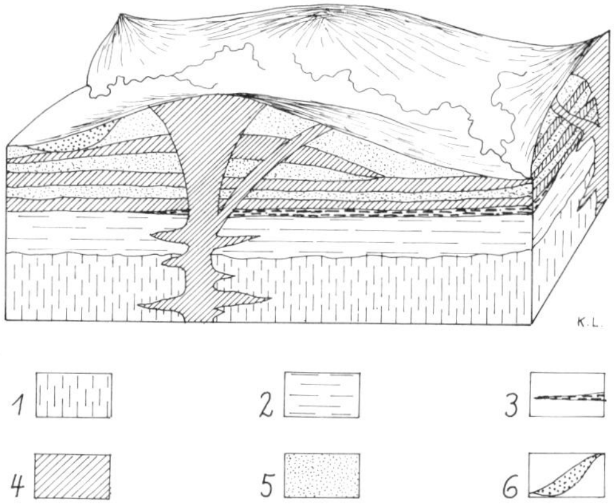

Fossiles Holzstück, ca. 60 cm lang und 20 cm Durchmesser, Tertiär; Bad Marienberg.

Der Westerwälder Vulkanismus wurde während des Mittel-Chatt durch die Förderung von Trachyttuffen eingeleitet, die auf seinen Westteil beschränkt war. Dort drangen anschließend Andesite und Trachyte auf. Erst im Ober-Chatt und Unter-Miozän ergriff die vulkanische Aktivität auch den zentralen und nordöstlichen Westerwald. Gefördert wurden basaltische Tuffe und gleichzeitig oder anschließend basaltische Schmelzen, die weite Teile dieses Gebirges bis heute landschaftlich prägen. Im Pliozän kam der Vulkanismus zum Erliegen (südwestlicher Westerwald).

Alle diese Tertiärgesteine verhüllen in großen Teilen als bis 150 m mächtige Decke das darunter durchziehende variskische Gebirge. Nicht selten wechseln vulkanische und sedimentäre Vorgänge untereinander ab. In Basalttuffen sind stellenweise Braunkohlenflöze enthalten oder auch der sogenannte Sohl-Basalt, der von Subvulkanen gefördert wurde (Subeffusiv-Lagen). Bei Montabaur war in der Tongrube von Boden bis vor kurzem ein einsamer Basaltschlot zu sehen, der von diesen Süßwasserablagerungen (limnischen Sedimenten) zugedeckt war und erst

Links: *Taxodium sp.,* **Teile einer verkieselten Sumpfzypresse aus dem Tertiär von Breitscheid.**

Oben: Holzopal; entstanden durch Eindringen von Siliciumdioxid in vermoderndes Holz; Tertiär, Langenaubach.

beim Abbau des Tones freigelegt wurde. Auch während der letzten Phase des Vulkanismus im Pliozän kam es noch zur Bildung von Braunkohle.
In dem variskischen Folgestadium hatte das alte Grundgebirge eine tiefgründige Verwitterungsrinde erhalten. Ihre Entstehung zog sich vom Jura bis zum Jung-Tertiär hin.

Quartär (Beginn vor etwa 2 Mio. J.)
Während dieser letzten Großperiode der Erdgeschichte wurde die natürliche Oberflächengestalt unseres Gebietes geschaffen. Wiederholt wechselten Kaltzeiten (Glaziale, „Eiszeiten") mit Warmzeiten (Interglaziale). Unser Exkursionsgebiet ist allerdings nie vergletschert gewesen. Der Klimawechsel hat sich hier vor allem in der Gestaltung der Flußtäler niedergeschlagen. Sie erlebten Zeiten stärkerer oder schwächerer Tiefen- und Seitenerosion, aber auch Zeiten der Aufschüttung. Das alte Schiefergebirge erfuhr eine langsame Hebung, wobei sich die Flüsse schrittweise in das Gestein einfrästen und eine Folge von Flußterrassen schufen. In ihrem schotter- und sanderfüllten Bett änderten die Flüsse ständig ihren Lauf. Aus den freiliegenden Schotterfluren und von den kahlen Berghängen wurden die feineren Bestandteile vom Wind aufgewirbelt und als Flugsande verfrachtet. Vor allem die Lösse konnten so recht weit ins Land getragen werden.
In der Westeifel und im Laacher-See-Gebiet regte sich noch einmal der Vulkanismus. Die Förderprodukte wurden stellenweise bis in den Oberwesterwald verweht. Im übrigen präparieren Wind und Wasser seither das Relief der Erdoberfläche unseres Raumes, soweit nicht in zunehmendem Maße der Mensch in die natürlichen Abläufe eingreift.

Tektonik

Die Schilderung geologischer Verhältnisse hatte immer wieder auf erdgeschichtliche Vorgänge verweisen müssen. Soweit sie für unser Exkursionsgebiet wichtig sind, sollen sie hier kurz zusammengefaßt werden. Bekanntlich herrscht in der Erdkruste ständig eine gewisse Unruhe, die gelegentlich eine auch für den Laien faßbare dramatische Zuspitzung erfährt, wenn sie sich in Erdbeben äußert, wie es zuletzt im Juli 1982 in Bad Marienberg geschah. Hebungs- und Senkungsvorgänge bestimmen ständig das Schicksal der Erdkruste mit. In unserem Raum sind als größere Senkungsbewegungen die Ausbildung der Limburger Bucht, des Neuwieder Beckens, der Kölner Bucht und der westhessischen Senke zu nennen. Hebungsvorgänge hinterlassen dagegen weniger deutliche Spuren, weil die aufsteigenden Gebiete ja zugleich durch Erosion wieder abgehobelt werden. Der Abtragungsschutt maskiert dann zusätzlich die Ränder der Hebungszonen. Solche lang andauernden Bewegungen werden in ihrer Gesamtheit als Epirogenese bezeichnet.
Den strukturerhaltenden epirogenetischen Vorgängen, die das Gesteinsgefüge intakt lassen, stehen die relativ engräumigen episodischen Vorgänge der Orogenese gegenüber, bei denen das Gesteinsgefüge etwa durch Auffaltung oder Brüche nachhaltig verändert wird. Solche Vorgänge haben das Rheinische Schiefergebirge geschaffen. Nachdem wir die Schichtenfolgen und vulkanischen Förderprodukte kennengelernt haben, soll noch einmal ein Blick der Tektonik gelten.
Während der Devonzeit entstand die Rheinische Geosynklinale, ein langgestrecktes Meeresbecken. Sie wurde zum Sedimentationsgebiet der vorher besprochenen Gesteinsserien.
Während des Ober-Devon sind erste orogene Bewegungen anzunehmen, doch erst durch die karbonischen Vorgänge werden die Gesteine in unserem Raum zu Falten und Schuppen zusammengeschoben. So wurde aus der Geosynklinale ein Faltengebirge. Das Rheinische Schiefergebirge stellt einen Teil des größeren variskischen Faltengebirges dar, das von Südengland über die Bretagne, das französische Zentralmassiv, Ardennen und Harz bis zu den Sudeten reicht.
Man hat mehrere Faltungsphasen unterschieden, etwa die bretonische (Ober-Devon/Tournai), sudetische (Visé/Namur) und die asturische (Westfal/Stefan). Die Bildung des Rheinischen Schiefergebirges scheint sich aber weniger in streng voneinander getrennten Phasen vollzogen zu haben, sondern dürfte eher als eine allmählich und kontinuierlich vom Taunus über das Siegerland zum Ruhr-Karbon wandernde Faltung und Einengung zu betrachten sein.
Immer wieder war erkennbar geworden, wie sehr tektonische und magmatische Vorgänge miteinander verknüpft sind. Man könnte sogar den einzelnen Phasen der Orogense bestimmte magmatische Erscheinungen zuordnen. Im Synklinalstadium begegnet uns initialer Vulkanismus, bei dem untermeerische Vulkane Magmen (z. B. Diabas, Keratophyre) fördern. Bei der Tektogenese erfolgen Intrusionen von Magma (Plutone); solche Plutone fehlen dem Rheinischen Schiefergebirge, sind aber aus dem Harz bekannt (Brocken). Das alles ist in Wirklichkeit äußerst kompliziert und sei hier nur angedeutet.
Das variskische Gebirge läßt sich nach der Faltungsintensität in mehrere Zonen gliedern. Die mittlere, der das Rheinische Schiefergebirge und der Harz angehören, wird als Rheno-Herzynikum bezeichnet, das im Süden von der mitteldeutschen Schwelle, im Norden durch die Vortiefe abgelöst wird. Seine devonisch-karbonischen Gesteine sind in SW-NE-streichende Falten gelegt.
Vier große Baueinheiten bestimmen unser Exkursionsgebiet: Siegener Block, Dill-Mulde, Hörre-Zug und Lahn-Mulde. Sie sollen ein klein wenig genauer besprochen werden.

Siegener Block

Das Siegerland im geologischen Sinne wird von zwei größeren Sattelstrukturen beherrscht. Ganz im Norden tritt als erste streichende Baueinheit der Morsbach-Müsener-Schollensattel in Erscheinung, den die Störung von Morsbach-Wenden nordwestlich begrenzt. Bei Hilchenbach zerlegen nord-südlich verlaufende Störungen den Sattel in einzelne Schollen. Der Müsener Horst mit seinen Gedinne-Gesteinen ist ein solcher durch Nord-Süd-Störungen herausgeschnittener Teil des Sattels.

Das zweite große Bauelement ist der Siegener Schuppensattel, der in der älteren Literatur auch Siegener Hauptsattel genannt wird. Seine Nordwestflanke ist durch die Siegener Hauptüberschiebung unterdrückt. Der Sattel findet im Raum Betzdorf – Kirchen – Weidenau seine Fortsetzung innerhalb eines ganzen Bündels langaushaltender Aufschiebungen.

Die Siegener Hauptaufschiebung stellt eine der größten Störungen des Rheinischen Schiefergebirges dar: Schichten des Unter-Siegen wurden dabei auf Schichten des Mittleren und Oberen Siegen aufgeschoben. Diese Überschiebung hebt bereits in der Eifel an, quert nördlich des Neuwieder Beckens das Rheintal und zieht über den Westerwald ins Siegerland, ungefähr auf der Linie Willroth – Datzeroth – Gebhardshain – Betzdorf – Siegen (– Weidenau – Lützel). An der Südostflanke des Siegener Schuppensattels erscheinen auch jüngere Gesteine des Unter-Devon (Ems).

An diesem Beispiel läßt sich schön ablesen, daß die Kenntnis der Tektonik auch von praktischer Bedeutung ist. Die tektonische Beanspruchung ließ in der Erdkruste zahlreiche Gangspalten entstehen, die dann im Verlauf der Gebirgsbildungen vererzt wurden. Dadurch erst wurde die natürliche Voraussetzung geschaffen, die letztendlich dem Naturfreund die Freude an den Mineralien beschert hat. Deren Vorkommen sind an das geschilderte tektonische Gefüge geknüpft!

Während am Aufbau des Siegerländer Blocks eine recht eintönige Folge von Gesteinen beteiligt ist, sind die drei nachfolgenden tektonischen Haupteinheiten wesentlich abwechslungsreicher ausgestattet. Allen aber ist gemeinsam, daß sie teilweise durch die Tertiärgesteine des Westerwaldes – geringmächtige Sedimente, basaltische und intermediäre Vulkanite und Tuffe – verhüllt werden.

Sattelbildung der Siegener Schichten bei Hövels, Ortsteil Niederhövels.

Dill-Mulde

An das Siegerland schließt sich nach Süden die Dill-Mulde an. Sie wird begrenzt im Westen durch das Tertiär des Westerwaldes, im Nordosten durch die Trias und das Tertiär der Hessischen Senke, unter die sie abtaucht. Eine Störung, die Sackpfeifen-Überschiebung, trennt die Dill-Mulde im Norden von der Wittgensteiner Mulde.
Devonische und unterkarbonische Sandsteine, Schiefer und Kalke sind das Füllmaterial der Mulde. Vom Unter-Ems an bildete dieser Raum nämlich einen eigenen und tiefen Spezialtrog innerhalb der Rheinischen Geosynklinale.
Weit verbreitet sind Ergußgesteine. Während der Schalstein im wesentlichen auf die südwestliche Hälfte der Dill-Mulde beschränkt ist, kommt der Deckdiabas, der vom Kulm bis zum oberen Tournai in mehreren Schüben gefördert wurde, im gesamten Raum vor. Eigentümliche Pillows weisen ihn als untermeerisches Ergußgestein aus, wie bereits beschrieben wurde.
Der tektonische Bau ist sehr mannigfaltig. Schon im Ober-Devon erfaßten Bewegungen der Erdkruste diesen Raum, die sich während der bretonischen Phase steigerten. Die Hauptfaltungszeit liegt aber in der sudetischen Phase, während der die Kulm-Grauwacke gefaltet und Teilstrukturen, etwa die Überschiebungen, ausgebildet wurden.
Die Dill-Mulde weist eine äußerst komplizierte Struktur auf, die für Generationen von Geologen ein ergiebiges Studienobjekt gewesen ist. Mechanische Inhomogenitäten innerhalb der devonisch-kulmischen Sedimentgesteine, besonders die Diabas-Einlagerungen, bedingen ein überaus unruhiges tektonisches Bild.
Innerhalb der Dill-Mulde lassen sich weitere Teilstrukturen unterscheiden. Beim Blick auf eine geologische Karte erkennt man beiderseits der Dill mehrere Strukturen: Galgenberg-Mulde, Donsbacher Sattel, Nanzenbacher Mulde (mit Eibacher Mulde und Schelder Überschiebung), Eisemröther, Eiternhöll-, Endbacher und Bickener Überschiebung. Die Eisemröther Überschiebung läßt sich auf 40 km bis ins Lahngebiet verfolgen! Über den Oberlauf der Lahn hinaus lassen sich Teilmulden verfolgen von Nieder- und Oberdieten nach Biedenkopf, von Gönnern über Quotshausen nach Eckelshausen sowie schließlich von Bottenhorn nach Dautphe. Ganz im Südwesten findet die Dill-Mulde ihre Fortsetzung in der Bopparder Hauptmulde.
Anhand von Conodonten- und Ostrakoden-Funden konnten die stark wechselnden devonischen und unterkarbonischen Schichtenfolgen inzwischen genauer eingestuft werden. Im Südwesten haben wir demnach die geringmächtige, vorwiegend kalkige Abfolge der Bickener Schuppe, in der keine unterkarbonischen Sedimente nachgewiesen werden konnten. Es folgen die mittel- und oberdevonischen Sedimente der Lendelbach-Schuppe bei Sinn, die zur nordwestlichen Eiternhöll-Schuppe mit ihren mächtigen, meist sandig-tonigen Ablagerungen mit Diabasen und Schalstein überleitet. Im Unter-Karbon werden die Unterschiede zwischen diesen beiden Strukturen weitgehend verwischt.

Hörre-Zug

Die Dill-Mulde wird von der dann südöstlich anschließenden Lahn-Mulde durch den Hörre-Zug getrennt. Es handelt sich um einen schmalen Gesteinszug, der vom Rand des tertiären Westerwaldes (Ulmtal) nordostwärts bis ungefähr Niederweidbach zieht. Das kompliziert gebaute Faltensystem besteht aus Ober-Devon und Kulm, dessen Gestein als Sonderfazies unsere Aufmerksamkeit fand. Trotz einiger Übereinstimmungen mit den angrenzenden geologischen Mulden lassen sich die Unterschiede nicht übersehen. Nur vereinzelt trifft man mitteldevonische Schalsteine und oberdevonische Diabasintrusionen an, Deckdiabas fehlt völlig.
Der Hörre-Zug läuft östlich in das Hessische Schiefergebiet aus, wo dann wieder das Devon in Rheinischer Fazies vorherrscht, während die Eruptiv- und Riff-Fazies in den Hintergrund treten.

Lahn-Mulde

Südwärts folgt auf den Hörre-Zug die von mittel- und oberdevonischem Gestein gefüllte Lahn-Mulde,

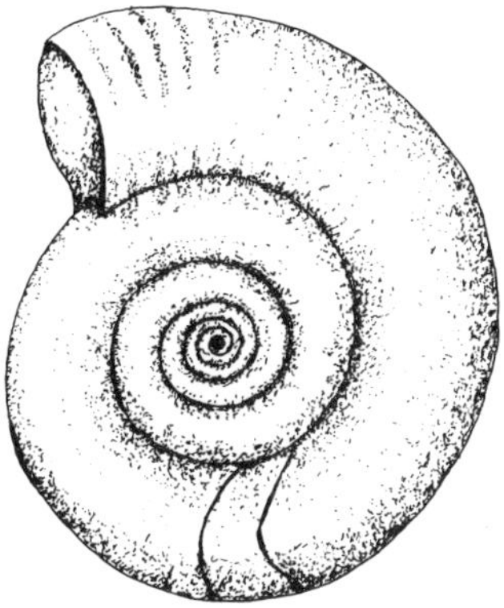

Clymenia laevigata

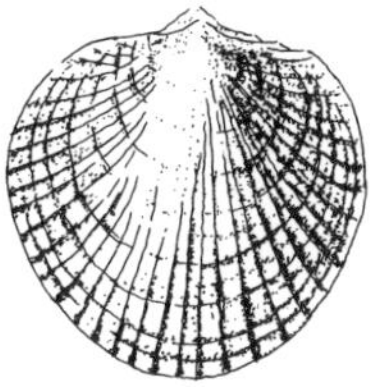

Atrypa reticularis

Camarotoechia subreniformis

Kalloclymenia subarmata

Cardiola concentrica

Pharciceras lunulicosta

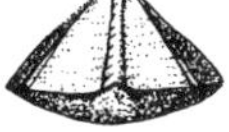

Cartinaella simplex

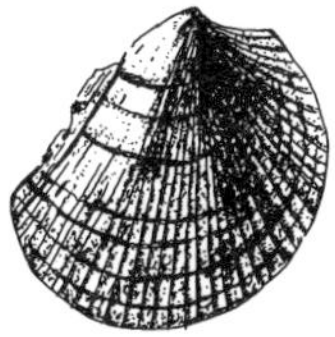

Lunulacardium koeneni

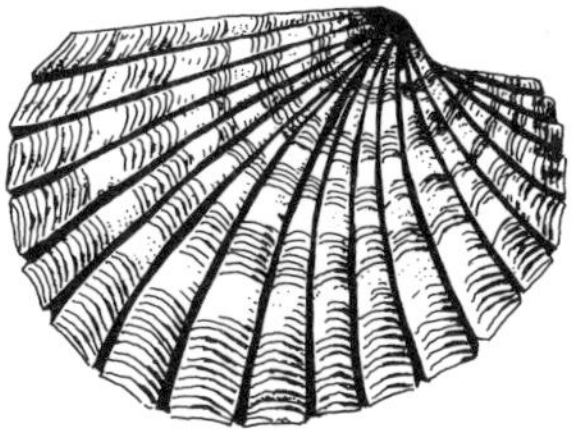

Buchiola angulifera

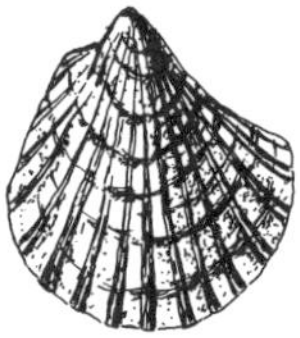

Opisthocoelus ausavensis

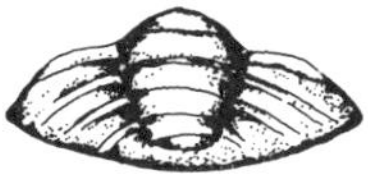

Trimerocephalus caecus

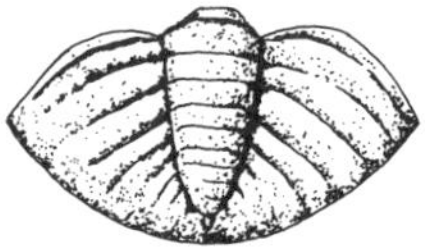

Phacops koeneni

Hexaclymenia hexagona

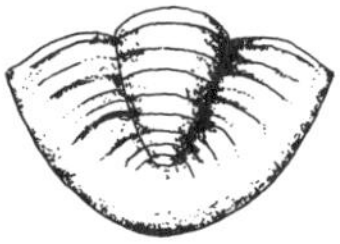

Archegonus warsteinensis

Hypothyridina cuboides

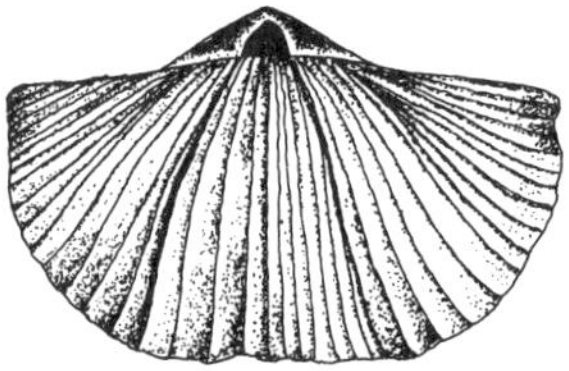

Cyrtospirifer verneuili

Posidonia venusta

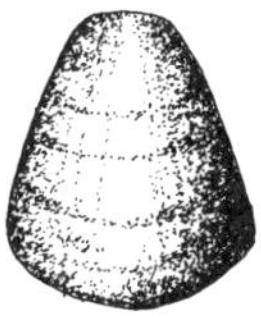

Lingula sigana

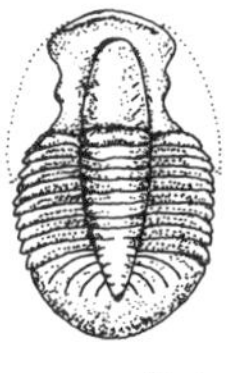

Archegonus aequalis herbornensis

die von unterdevonischen Tonschiefern und Grauwacken gesäumt wird. Während einer ersten Eruptionsphase wurde Keratophyr stromartig oder dekkenförmig abgesetzt. Eine zweite Phase des initialen Vulkanismus ließ den sogenannten Weilburgit im Inneren der Mulde aufdringen. Dabei handelt es sich um einen spilitischen Pillow-Diabas aus Kalifeldspaten und Chlorit. Dieser Gesteinstyp wurde nach der Stadt Weilburg benannt. Der Chlorit ist ein Umwandlungsprodukt, ein kompliziertes Schichtsilikat (Mischkristalle zwischen Eisen-, Magnesium- und Aluminiumsilikaten). Vor allem aber wurde der sogenannte Schalstein gebildet. Der Name deutet die plattig-schalige bis schiefrige Beschaffenheit des Gesteins an, das eigentlich submarin abgesonderter Diabastuff ist. Die vulkanische Aktivität hatte schließlich auch die Entstehung des Roteisensteins zur Folge, der vorwiegend an der Hangendgrenze des Schalsteins in ziemlich gleichmäßigen Grenzlagern auftritt.

In der Weilburger Mulde, einer Teilstruktur der Lahn-Mulde, hat der devonische Vulkanismus noch etwas jüngere Spuren hinterlassen. Dort wurde körniger Diabas in kleineren Stöcken oder in größeren Decken in den oberdevonischen Cypridinen-Schiefern abgesetzt. Mit der Förderung des kulmischen Deckdiabas kam in der Lahn- und Dill-Mulde der Diabas-Vulkanismus zum Erliegen. Bis zu 20 m mächtige Lagen von Kulm-Kieselschiefer überlagern den Diabas.

Weitverbreitet sind im oberen Mittel-Devon des Lahngebietes die Massenkalke, deren Alter gelegentlich bis ins Ober-Devon reicht. Auf Schwellen aus Schalstein hatten sich Riffe von Korallen und Stromatoporen gebildet. Häufig findet man Fossilreste, darunter auch Crinoiden. In mehreren Massenkalkzügen erreicht dieses Gestein große Mächtigkeiten. Erwähnt seien der sogenannte Massenkalk-Hauptzug zwischen Braunfels und Bieber sowie das Vorkommen in der Schaumburger-Mulde, das sich von Balduinstein-Birlenbach über Gückingen und Staffel bis nach Dehrn und Steeden erstreckt. An die von den Exkursionen mehrfach berührten Massenkalkvorkommen sind auch die mineralogisch interessanten Phosphoritlager gebunden.

Auch die Lahn-Mulde verdankt ihre Entstehung wahrscheinlich der bretonischen (Devon/Kulm) und sudetischen (nachkulmischen) Phase. Ihr Ost- und Westteil zeigen einen unterschiedlichen Bau. Ersterer weist eine recht komplizierte Tektonik auf, die durch große, kilometerlange Überschiebungen – etwa die Wetzlarer Hauptüberschiebung – bedingt ist. Hinzu kommen zahlreiche Querstörungen. Der Westteil der Lahn-Mulde zeigt einen ruhigeren Bau. Die Gesteinsschichten sind nordwestgerichtet (NW-vergent) gefaltet. Ein in sich weiter gefalteter Schalstein-Hauptsattel trennt die nördliche Limburg-Weilburger Ober-Devon-Mulde von der südlichen Hanstätter Mulde im Taunus.

Auch die tertiären Deckschichten unseres Gebietes sind ihrerseits von einer tektonischen Phase erfaßt worden. So ist das ausgedehnte Tertiär-Becken des Westerwaldes allmählich zerstückelt worden. So entstand auch das Limburger Becken. In mehreren Phasen reifte bis ins Alt-Pleistozän das heutige tektonische Bild des Westerwaldes heran. Landschaftsprägend waren bis zuletzt die Flußläufe, allen voran Sieg und Lahn. Sie schürften jene Täler in das Rheinische Schiefergebirge, die volkstümlich als ungefähre „Grenzen" des Westerwaldes angesehen werden. Sie schleppten aber auch gewaltige Geröllmassen heran, die in den Talweitungen mitunter massenhaft abgelagert oder weiter zum Rhein verfrachtet worden sind.

S. 39/40: Fossilien aus dem Ober-Devon der Dillmulde.

Mineralien des Siegerlandes und Lahn-Dill-Gebietes

Wenn innerhalb unseres Exkursionsgebietes bisher über 120 Mineralarten registriert wurden, so darf das nicht zu irrigen Vorstellungen verleiten, denn die Häufigkeiten und die Ausbildungsqualitäten sind doch überaus verschieden. Manche treten massenhaft auf, wie etwa der Quarz, im hier beschriebenen Gebiet das häufigste Mineral überhaupt. Andere sind gesteinsbildend, wie der Calcit. Wieder andere trifft man zwar in jeweils kleiner Menge, dafür aber in vielen Gesteinen an, wie das bei Olivin, Magnetit, Apatit oder Ilmenit der Fall ist. Manche schließlich wurden vorübergehend oder einmalig, vielleicht sogar nur mikroskopisch entdeckt.

Nachfolgend seien alle Mineralien aufgelistet, die aus unserem Gebiet bisher (Stand Ende 1982) erwähnt worden sind. Vollständigkeit wurde angestrebt, ist aber keineswegs garantiert, da Fundberichte in entlegenen Publikationen nicht ausgeschlossen werden können. Die Aufstellung muß aus Platzgründen sehr knapp und schematisch erfolgen. Sie enthält nach dem derzeit offiziellen Namen des Minerals die chemische Formel und die Kristallklasse (K). Es folgen stichwortartige Angaben zur Ausbildung (Ausb) des Minerals oder der Mineralien, wobei (XX) für Kristalle steht. Genannt werden sodann Farbe (F), Härte (H), Strich (Str) und Dichte (D). Es folgen die Fundorte im Siegerland, an Dill und Lahn sowie im Westerwald, mit Angabe der Gruben (in Klammern). Bei den häufig vorkommenden Mineralien mußte sich die Aufzählung der Fundorte auf die wichtigeren und/oder charakteristischeren beschränken. Mitunter sind zusätzliche Hinweise auf die Art des Vorkommens (V) gegeben. Die Angaben in der Literatur sind gelegentlich widersprüchlich und können nach dem Ende der Bergbautätigkeit nur in wenigen Fällen noch nachgeprüft werden. Auch die mineralogischen Daten sind im regional bezogenen Schrifttum oft ungenau oder veraltet. Da andererseits die Auflistung auch für interessierte Laien verständlich bleiben mußte, war die Diskussion von Unklarheiten von vornherein auszuschließen. Darum orientiert sich die hier vorgelegte Mineralienliste an den Angaben in weitverbreiteten Taschenbüchern, wie dem von Lieber (1969) und von Gebhard (1979). Nach diesen richtet sich auch die Namengebung. Die Wiedergabe der chemischen Formeln erfolgt nach Klockmann und Strunz. Synonyme sind im Mineralregister am Schluß des Buches angeführt und aufgeschlüsselt. Die Gliederung erfolgt nach Stoffklassen.

I. Elemente (einschl. Legierungen)

Kupfer, Cu
K: kubisch
F: metall.-kupferrot
Str: metall.-kupferrot
H: $2\frac{1}{2}$–3; D: 8,5–9,0
V: Biersdorf (Füsseberg), Herdorf (Wolf); Willroth (Georg)

Quecksilber, Hg
K: hexagonal
Ausb: Tröpfchen
F: metall.-weiß
D: 8–8,5
V: Littfeld (Anna); Willroth (Georg)

Arsen, As
K: trigonal
Ausb: schaliger Überzug, selten
F: zinnweiß bis bleigrau
Str: schwarz
H: 3–4; D: 5,6–5,8
V: Hilchenbach-Müsen (Wildermann), Siegen-Eisern (Eiserner Union)

Bornit, Eiserfeld

Schwefel, S
K: rhombisch
Ausb: körnig, gelb mit Harzglanz; meist chemisch gebunden
Str: gelbweiß
H: 1,5–2,0; D: 2,0
V: Kreuztal-Littfeld (Viktoria, Heinrichssegen) Müsen, Eiserfeld

Landsbergit, γ-(Ag,Hg)
K: kubisch
Ausb: isometrisch
F: metall.-weiß
Str: silberweiß
H: 3; D: ca. 13,5

II. Sulfide

Chalkosin, Cu_2S
K: rhombisch
Ausb: XX tafelig, säulig, pseudohexagonal; derb
F: dunkelgrau
Str: metall.-grau
H: 2½–3,0; D: 5,7–5,8
V: Weidenau (Neue Hardt), Eiserfeld (Kohlenbach, Eisenzecher Zug), Gosenbach (Storch & Schöneberg), Wilnsdorf (Marie), Herdorf

Bornit, Cu_5FeS_4
K: rhombisch
Ausb: XX selten; derb
F: bläulichgrau
Str: metall.-grau
H: 2½–3,0; D: 5,7–5,8
V: Gosenbach (Storch & Schöneberg), Müsen (Wildermann, Brüche), Weidenau (Neue Hardt), Eiserfeld (Kohlenbach, Brüderbund, Spies), Biersdorf (Füsseberg), Neunkirchen, Herdorf; Dillenburg, Villmar

Argentit, Ag_2S
K: kubisch
Ausb: XX isometrisch; derb, plattig, gestrickt
F: schwarz
Str: glänzend grau
H: 2,5–3,0; D: 10,1–11,0
V: Littfeld (Heinrichssegen), Wilnsdorf (Neue Hoffnung)

Akanthit, Ag_2S
K: monoklin
Ausb: XX pseudorhombisch
F: schwarz
V: Willroth (Georg)

Sphalerit, ZnS
K: kubisch
Ausb: XX verzerrt, tetraedrisch; derb, schalig
F: braun, schwarz, rot
Str: braun, gelb
H: 3,5–4,0; D: 3,9–4,2
V: Burbach, Littfeld, Neunkirchen, Niederfischbach, Wilnsdorf; Bad Ems, Holzappel; Waldbreitbach (Anxbach)

Unten: Sphalerit, begleitet von Kupferkies, Siegerland.

Chalkopyrit, $CuFeS_2$
K: tetragonal
Ausb: XX verzerrt; derb, dicht
F: metall.-gelb
Str: messingfarben-graugrün
H: 3,5–4,0; D: 4,1–4,3
V: Littfeld (Heinrichssegen; hier auch: Kupferpecherz = Gemisch mit Eisenstein), Eiserfeld (Brüderbund, Eisenzecher Zug, Flußberg), Gosenbach (Storch & Schöneberg), Herdorf (San Fernando, Friedrich-Wilhelm, Mahlscheid), Biersdorf (Füsseberg); Hachelbach, Nanzenbach

Tennantit, $Cu_3As\ S_{3.25}$
K: kubisch
F: metallisch
Str: schwarzgrau
H: 3,0–4,0; D: 4,5–5,4
V: Salchendorf; Lautzenbrücken

Rechts: Zinkblende mit Kupferkies, Stufe ca. 12 cm, ehem. Gr. San Fernando in Herdorf.

Tetraedrit, $Cu_3Sb\ S_{3.25}$
K: kubisch
F: metall.
Str: schwarzgrau
H: 3,5–4,5; D: 4,6–5,4
V: Littfeld (Heinrichssegen, Viktoria), Müsen (Stahlberg, Wildefrau, Wildermann), Eisern (Eisenhardter Tiefbau), Wilden b. Wilnsdorf (Bautenberg), Wilnsdorf (Landeskrone); Willroth (Georg); Dillenburg, Holzappel

Freibergit var. Tetraedrit, Cu-Ag-Sb-Fahlerz
K: kubisch
Ausb: XX ausgeprägt tetraedrisch; auch derb
F: metall.
Str: grauschwarz
H: 3,5–4,5; D: 4,5–5
V: Littfeld (Viktoria); Roth (Gottesgabe)

Schwazit var. Tetraedrit, Cu-Hg-Sb-Fahlerz
K: kubisch
F: dunkelgrau
Str: schwarzgrau
H: 3,0–4,0; D: 4,5–5,4
V: Roth (Gottesgabe)

Wurtzit, ZnS
K: hexagonal
Ausb: XX selten; derb, schalig, zäpfchenförmig
F: braun, gelblich
Str: graugelb
H: 3,5–4,0; D: 4,0
V: Ems/Nievern (Bergmannstrost, Lindenbach); Rachelshausen

Greenockit, CdS
K: hexagonal
Ausb: XX selten, prismatisch; Anflug
F: gelb, orange, braun
Str: gelblich
H: 3,0–3,5; D: 4,9
V: Littfeld (Viktoria), Wilgersdorf (Neue Hoffnung)

Pyrrhotin var. Nickelin, FeS
K: monoklin
Ausb: XX tafelig
F: metall.-braun
Str: schwarzgrau
H: 4,0; D: 4,6
V: Müsen

Nickelin, NiAs
K: hexagonal
Ausb: XX selten, pyramidal; derb, traubig
F: metall.-rot
Str: braunschwarz
H: 5,5–6,0; D: 7,8
V: Müsen (Jungfer)

Millerit, NiS
K: trigonal
Ausb: XX nadelig, haarförmig

Bleiglanz, 9 cm, ehem. Gr. Georg bei Willroth.

Bleiglanz mit Arsen, ehem. Gr. Altenberg.

Zinnober, ehem. Gr. Heinrichssegen bei Littfeld.

F: metall.-gelb
Str: schwarzgrün
H: 3,5; D: 5,3
V: Littfeld (Viktoria, Heinrich), Müsen (Stahlberg), Achenbach (Jakobskrone), Siegen (Ameise), Salchendorf (Pfannenberg), Eisern (Eisenhardter Tiefbau), Eiserfeld (Eisenzeche), Herdorf (Wolf, 1961 zeitweise auf Siderit), Wissen (Steckenstein); Eichelhardt (Petersbach), Willroth (Georg), Oberlahr (Silberwiese); Nanzenbach (Hilfe Gottes)

Galenit, PbS
K: kubisch
Ausb: XX isometrisch, selten tafelig; derb, faserig
F: metall.
Str: grau
H: 2,5; D: 7,2–7,6
V: Littfeld, Siegen (Sachtleben, Ameise), Niederdielfen, Müsen, Eisern (Ahe), Niederndorf b. Freudenberg, Niederhövels, Herdorf (San Fernando), Wilnsdorf, Burbach; Willroth (Georg), Waldbreitbach (Auxbach); Holzappel, Ems (Friedrichssegen)

Cinnabarit, HgS
K: trigonal
Ausb: XX klein; selten strahlig, derb
F: rot
Str: rot
H: 2,0–2,5; D: 8,0–8,1
V: Littfeld (Anna); Dillenburg (Idria); Willroth (Georg)

Covellin, CuS
K: hexagonal
Ausb: XX selten, tafelig; derb, plattig, Anflug
F: metall.-blau
Str: blau
H: 1,5–2,0; D: 4,7
V: Littfeld (Viktoria), Salchendorf (Arbach), Wilnsdorf (Marie); Haiger (Stangenwaage); Raubach

Antimonit, Sb_2S_3
K: trigonal
Ausb: XX spießartig, gestreift, nadelig; derb
F: metall.
Str: grau
H: 2,0; D: 4,6
V: Müsen (Wildermann, derb!), Wilgersdorf (Neue Hoffnung), Wilden bei Wilnsdorf (Bautenberg), Altenseelbach (Lohmannsfeld); Eichelhardt

Bismuthinit, Bi_2S_3
K: orthorhombisch
Ausb: XX strahlig; blättrig, körnig
F: metall.
Str: grau
H: 2,0; D: 7
V: Wilden (Bautenberg), Schutzbach (Grünau)

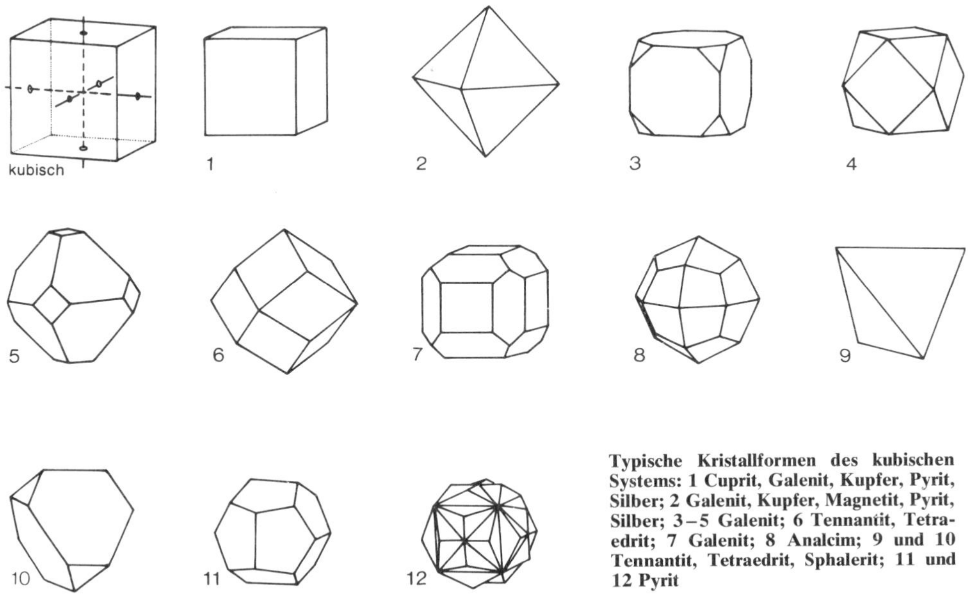

Typische Kristallformen des kubischen Systems: 1 Cuprit, Galenit, Kupfer, Pyrit, Silber; 2 Galenit, Kupfer, Magnetit, Pyrit, Silber; 3–5 Galenit; 6 Tennantit, Tetraedrit; 7 Galenit; 8 Analcim; 9 und 10 Tennantit, Tetraedrit, Sphalerit; 11 und 12 Pyrit

Bournonit X, Stufe 18 cm, ehem. Gr. Georg.

Bismutit, $Bi_2[O_2/Co_3]$
K: tetragonal
F: lichtgelb bis grünlich
H: 2,5–3,5; D: 6,7–7,4
V: Wilden (Bautenberg), Schutzbach

Emplektit, $CuBiS_2$
K: orthorhombisch
Ausb: nadelig, längsgestreift
F: metall.
Str: schwarz
H: 2,0; D: 6,4
V: Biebertal (Lochmühle); Holzappel

Stephanit, $5Ag_2S \cdot Sb_2S_3$
K: orthorhombisch
Ausb: XX pseudohexagonal, prismatisch, tafelig; derb
F: metall.
Str: schwarz
H: 2,5; D: 6,2
V: Littfeld (Heinrichssegen)

Bournonit, $PbCuSbS_3$
K: orthorhombisch
Ausb: XX pseudotetragonal, auch zyklische Zwillinge; derb
F: metall.
Str: grau
H: 3,0; D: 5,9
V: Littfeld (Heinrichssegen), Wilden (Landeskrone); Willroth (Georg), Oberlahr (Silberwiese)

Jamesonit, $Pb_4FeSb_6S_{14}$
K: monoklin
Ausb: XX spieß- oder haarförmig
F: metall.
Str: grau
H: 2,5; D: 5,6
V: Littfeld (Viktoria), Wilnsdorf (Landeskrone), Wilden (Bautenberg); Willroth (Georg)

Links: Proustit, Siegerland

Rechts: Siegenit auf Quarz, Siegerland.

Boulangerit, $Pb_5Sb_4S_{11}$
K: monoklin
Ausb: XX prismatisch, haarförmig; auch dicht
F: metall.
Str: schwarz
H: 2,5; D: 5,9–6,2
V: Littfeld (Viktoria, Heinrichssegen), Müsen (Wildermann), Wilden, Wissen; Willroth (Georg), Oberlahr (Silberwiese)

Proustit, Ag_3AsS_3
K: trigonal
Ausb: XX prismatisch; derb
F: rot
Str: rot
H: 2,5; D: 5,5
V: Littfeld (Altenberg, Heinrichssegen, Viktoria)

Pyrargyrit, Ag_3SbS_3
K: trigonal
Ausb: XX prismatisch; derb
F: rot, grau
Str: dunkelrot
H: 2,5–3,0; D: 5,8
V: Littfeld (Heinrichssegen), Neunkirchen (Aurora), Wilnsdorf (Landeskrone); Fischelbach (Gonderbach)

Linneit, Co_3S_4
K: kubisch
Ausb: XX isometrisch; derb
F: metall., weiß-gelblich
Str: schwarzgrau
H: 4,5–5,5; D: 4,8–5,8
V: Littfeld (Viktoria, Heinrichssegen), Müsen

Siegenit, $(Co,Ni)_3S_4$
K: kubisch
Ausb: XX isometrisch; derb
F: metall.-weiß
Str: schwarzgrau
H: 4,5–5,5; D: 4,8–5,8
V: Littfeld (Heinrichssegen), Müsen (Jungfer, Stahlberg, Wildermann, daher syn. Müsenit!)

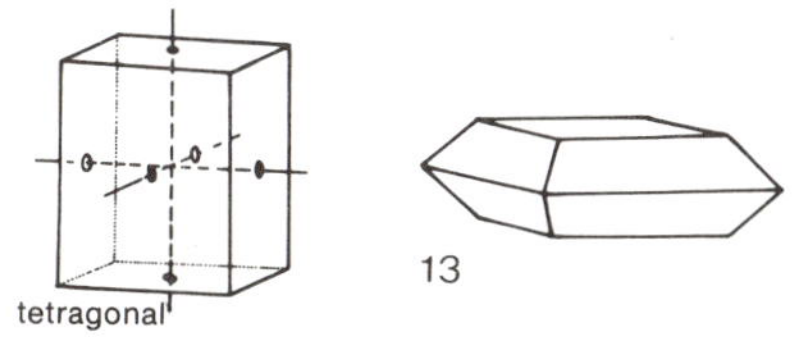

Typische Kristallformen des tetragonalen Systems: 13 Torbernit.

Pyrit, ehem. Gr. Bindweide bei Gebhardshain.

Pyrit, FeS_2
K: kubisch
Ausb: XX isometrisch; derb, knollenförmig
F: metall.-gelb
Str: schwarzgrün
H: 6,0–6,5; D: 5,0–5,2
V: Im Siegerland fast überall; als Kobaltpyrit dort in Eisern, Eiserfeld, Struthütten, Siegen (Philippshoffnung), Niederschelderhütte (Bunte Kuh), Euteneuen (Freundschaft); Aßlar, Dillenburg, Biebertal (Königsberger Gemarkung), Ehringshausen (Gottesgabe), Herbornseelbach; Münster (Endersberg, Lindenberg), Burgsolms; Willroth (Georg), Oberlahr (Silberwiese); Dernbach (Schöne Aussicht)

Bravoit, $(Ni,Fe,Co)S_2$
K: kubisch
F: metall.
H: ~ 6; D: 4,6
V: Wissen (Friedrich)

Cobaltin, CoAsS
K: kubisch
Ausb: isometrisch, derb
F: metall.
Str: grauschwarz
H: 5,5; D: 6,0–6,4
V: Eiserfeld (Eiserzecher Zug, Ronnert, Alter Wildbär), Eisern (Morgenröte), Gosenbach (Storch & Schöneberg), Niederschelden (Junkernburg), Siegen (Hinterer Busch, Rosenbusch), Struthütten (Ente), Euteneuen (Freundschaft); Nassau

Gersdorffit, NiAsS
K: kubisch
Ausb: XX selten; derb
F: metall.
Str: grauschwarz
H: 5,0; D: 5,6–6,4
V: Müsen (Jungfer, Stahlberg, Wildermann), Wilden (Landeskrone), Salchendorf (Stahlseifen), Niederschelden (Storch & Schöneberg), Schutzbach; Eichelhardt, Petersbach

Ullmannit, NiSbS
K: kubisch
Ausb: XX selten; derb
F: metall.
Str: grauschwarz
H: 5,0; D: 6,0
V: Müsen (Jungfer, Stahlberg, Wildermann), Wilden (Landeskrone), Salchendorf (Stahlseifen), Niederschelden (Storch & Schöneberg), Schutzbach; Eichelhardt, Petersbach

Markasit, FeS_2
K: orthorhombisch
Ausb: XX kammförmig; derb (gelegentlich als „Speerkies")
F: metall.-gelb, grünlich
Str: grauschwarz
H: 6,0–6,5; D: 4,8–4,9
V: Siegen, Gosenbach, Niederhövels (Eupel); Willroth (Georg)

Safflorit, $CoAs_2$
K: orthorhombisch
Ausb: XX sehr klein; derb
F: metall.-weiß
Str: schwarz
H: 4,5–5,5; D: 6,9–7,3
V: Biebertal (Lochmühle)

Knolliger Markasit, ehem. Gr. San Fernando bei Herdorf.

Rammelsbergit, $NiAs_2$
K: orthorhombisch
Ausb: derb; XX sehr klein
F: metall.-weiß
Str: schwarz
H: 5,5–6,0; D: 7,1
V: Eisern (Eisenhardter Tiefbau, Union), Niederdielfen (Grimberg), Obersdorf (Silberquelle,) Siegen (Kupferseifen, Philippsfreude), Müsen (Jungfer, Wildermann), Schutzbach (Grünau)

Löllingit, $FeAs_2$
K: orthorhombisch
Ausb: XX nadelig; derb, strahlig
F: metall.-weiß
Str: grauschwarz
H: 5,0; D: 7,1–7,4
V: Herdorf (Hollertzug), Steinebach b. Betzdorf (Königszug)

Arsenopyrit, FeAsS
K: monoklin
Ausb: XX kurz- und langsäulig; derb
F: metall., lichtgelb
Str: schwarz
H: 5,5–6,0; D: 5,9–6,2
V: Littfeld (Viktoria), Salchendorf (Arbach)

Skutterudit, $(Co,Ni)As_3$
K: kubisch
Ausb: isometrisch; derb
F: metall.-weiß
Str: schwarz
H: 6,0; D: 6,8

Freibergit var. Tetraedrit, $(Ag,Cu)_{12}(Sb,As)_4S_{13}$
K: kubisch
Ausb: XX tetraedrisch, auch derb
F: metall.
Str: schwarzgrau
H: 3,0–4,0; D: 4,5–5,4
V: Littfeld (Viktoria?), Roth (Gottesgabe)

Schwazit var. Tetraedrit, $(Hg_{1/2},Cu)_3SbS_{3-4}$
K: kubisch
Ausb: XX tetraedrisch
F: dunkelgrau
Str: schwarzgrau
H: 3,0–4,0; D: 4,5–5,4
V: Roth (Gottesgabe)

Valleriit, $4(Fe,Cu)S \cdot 3(Mg,Al)(OH)_2$
K: hexagonal
Ausb: derbe Massen, feinstkörnig
F: grauschwarz mit messinggelbem Stich
Str: weiß
H: 2–3; D: 5,6–5,8

III. Halogenide

Jodargyrit, AgJ
K: hexagonal
Ausb: feine Blättchen; derb
F: gelb, grau
Str: hellglänzend
H: 1,0–1,5; D: 5,7
V: Dernbach (Schöne Aussicht)

Jodobromit var. Bromargyrit, Ag(Cl,Br,J)
K: kubisch
Ausb: XX selten; derb
F: gelblich
Str: gelblich
H: 2–2,5; D: 5,8–6,4
V: Dernbach (Schöne Aussicht)

IV. Oxide, Hydroxide

Cuprit, Cu_2O
K: kubisch
Ausb: XX isometrisch oder haarförmig; derb
F: rot, braun
Str: braunrot
H: 3,5–4,0; D: 5,8–6,2
V: Biersdorf (Füsseberg), Eiserfeld, Gosenbach, Herdorf, Siegen, Wissen; Kausen (Käusersteimel); Dillenburg, Medenbach

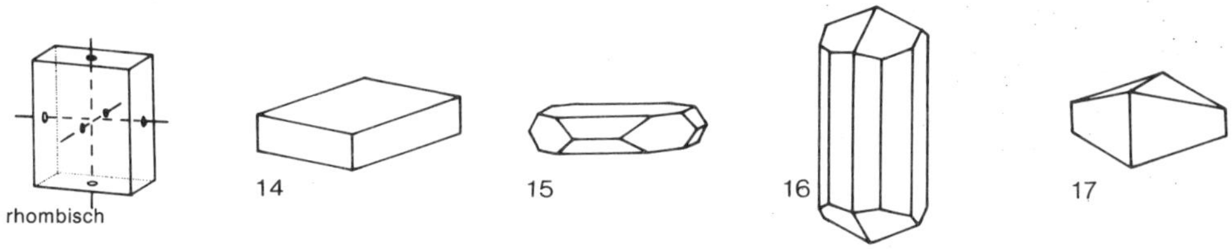

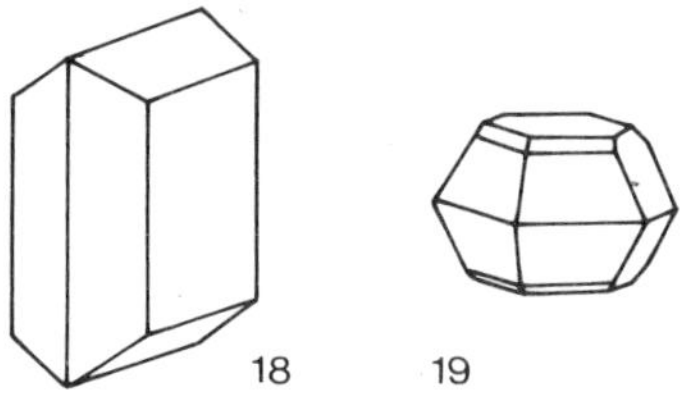

Typische Kristallformen des rhombischen Systems: 14 und 15 Anglesit, Baryt; 16 Antimonit, Ilvait; 17 Arsenopyrit; 18 Aragonit; 19 Schwefel

Magnetit, Fe_3O_4
K: kubisch
Ausb: XX oktaedrisch, derb
F: schwarz
Str: schwarz
H: 5,5; D: 5,2
V: Biersdorf, Eisern (Eisenhardter Tiefbau); Burgsolms

Franklinit, $ZnFe_2O_4$
K: kubisch
Ausb: XX eingewachsen; derb
F: schwarz
Str: dunkelbraun
H: 6,0–6,5; D: 5,0–5,2
V: Eibach

Hausmannit, Mn_3O_4
K: tetragonal
Ausb: XX pyramidal, zwillingähnlich
F: schwarz
Str: braun
H: 5,5; D: 4,7–4,8
V: Eiserfeld (Eisenzecher Zug); Steeden

Valentinit, Sb_2O_3
K: orthorhombisch
Ausb: XX einzeln oder strahlig; derb
F: weiß
Str: weiß
H: 2,0–3,0; D: 5,6–5,8
V: Eisern (Ahe), Littfeld (Viktoria), Wilden (Baudenberg)

Hämatit, Fe_2O_3
K: trigonal
Ausb: tafelig, rundlich
F: schwarz, grau, metall.
Str: rot, rotbraun
H: 6,5; D: 5,2–5,3
V: a) Eisenglanz: Eiserfeld (Eisenzecher Zug), Herdorf, Schutzbach, Weidenau (Neue Haardt); Dillenburg; Westerwald häufig, mitunter als Hämatitrose
b) Roteisenstein: Eiserfeld (Eisenzecher Zug), Gosenbach (Storch & Schöneberg), Herdorf, Trupbach (Gottessegen, Engelszuversicht), Weidenau (Neue Haardt);

Links: Hämatit, 15 cm, Flußgerölle aus der Heller bei Herdorf.

Links unten: Hämatit, Stufe 10 × 10 cm

Niederscheld (Falkenstein), Oberscheld (Neue Lust); Biebertal (Königsberger Gemarkung), Weilburg (Gamsberg); Westerwald

Ilmenit, $FeTiO_3$
K: trigonal
Ausb: XX ähnlich Hämatit, tafelig; derb
F: schwarz
Str: schwarz
H: 5,0–6,0; D: 4,5–5,0

V: Herdorf (Malscheid); in Eruptivgesteinen

Romeit, $(Ca,NaH)Sb_2O_6(O,OH,F)$
K: kubisch
Ausb: erdig, Anflug; XX klein
F: gelb
Str: gelblich
H: 5,5–6; D: 5,0–5,5

Quarz, SiO_2
K: trigonal
H: 7,0; D: 2,65
Ständiges Nebengestein in erzführenden Gängen und im Eruptivgestein. Zahlreiche Ausbildungsformen, z. B.:

Amethystquarz	– Herbornseelbach
Bergeier	– Hamm (Huth)
Bergkristall	– Gosenbach (Storch & Schöneberg), Salchendorf (Pfannenberg); Holzappel, Ems (Merkur)
Chalcedon	– Herbornseelbach
Doppelender	– Medenbach

Rechts: Hämatit, strahlig gewachsen, 27 cm, ehem. Gr. Eisenkaute bei Bad Marienberg.

Oben: Bergkristall, ehem. Gr. Bollnbach bei Herdorf.

Links: Kappenquarz aus Erdbach.

Eisenkiesel	–	Burbach (Kronprinz), Herdorf (Malscheid), Wissen (Steckenstein); Dillenburg
Faserquarz	–	Eiserfeld, Müsen
Kappenquarz	–	Eiserfeld (Eisenzecher Zug), Medenbach
Rauchquarz	–	Eisern (Eisenzecher Zug) u. a.
Ringelquarz	–	Biersdorf (Füsseberg), Eiserfeld (Eisenzecher Zug)
Skelettquarz	–	Eiserfeld
Sternquarz	–	Herbornseelbach
Pseudomorphosen von Quarz nach Schwerspat	–	Medenbach

Pyrolusit, MnO_2

K:	tetragonal
Ausb:	winzige XX
F:	schwarz
Str:	schwarz
H:	2,0–2,5; D: ca. 4,5
V:	Eiserfeld, Herdorf, Neunkirchen, Siegen (Hohe Grete), Hamm (Huth); Dillenburg, Nanzenbach (Hilfe Gottes); Nassau; Dernbach, Willroth

Psilomelan, MnO_2

K:	monoklin
Ausb:	glaskopfartig, stalaktitenartig
F:	schwarz
Str:	schwarz
H:	bis 6,0; D: 4,4–4,7
V:	Brachbach (Wernsberger Erbstollen), Dermbach (Conkordia), Eiserfeld (Eisenzecher Zug), Hamm (Huth), Herdorf (Bollnbach, Hollertzug, Wolf), Struthütten (Ente, Steimel); Fellinghausen (Friedberg); Lindener Mark, Nassau

Oben: Chalcedon, Halbs bei Westerburg.

Wad var. Psilomelan, MnO_2
K: monoklin
Ausb: glaskopfartig, stalaktitisch, krustig
F: schwarz
Str: schwarz
V: gelegentlich auf Klüften in Schiefern und Sandsteinen von Unterdevon-Schichten

Goethit, $FeOH_2$
K: orthorhombisch
Ausb: XX nadelig, prismatisch strahlig; auch derb
F: schwarz
Str: braun
H: 5,0–5,5; D: 4,3
V: Im Limonit; Eiserfeld, Steinbach (Eickertsberg); Fellinghausen (Friedberg), Blasbach

Rechts: Goethit auf Limonit, 10 cm, ehem. Gr. Bindweide bei Gebhardshain.

Limonit, $FeHO_2$
Ausb: derb, fest
F: braun
Str: braun
H: 5–5,5; D: 3,8–4,2
a) Brauner Glaskopf
V: Brachbach (Apfelbaum, Wernsberger Erbstollen), Eiserfeld, Eisern, Gosenbach, Herdorf (Wolf), Littfeld (Heinrichssegen); Ehringshausen (Heinrichssegen), Fellinghausen (Friedberg), Heuchelheim, Oberbiel (Fortuna), Wetzlar (Simberg); Nassau, Dernbach, Marienberg (Eisenkaute)
b) Brauneisenstein
Str: braun
V: Verwitterungsprodukt von Spateisenstein

Rechts: Bunter Glaskopf, ehem. Gr. Eisenkaute bei Bad Marienberg.

Glaskopf, Schwarzer, var. Psilomelan, MnO_2
K: monoklin
Ausb: glaskopfartig, stalaktitisch, krustig
F: schwarz
Str: schwarz
H: bis 6,0; D: 4,4–4,7
V: Brachbach, Dermbach, Eiserfeld, Herdorf, Neunkirchen, Wissen

Lepidokrokit, $FeHO_2$
K: orthorhombisch
Ausb: XX tafelig, schuppig, glaskopfartig
F: braunrot
Str: braun
H: 5,0; D: 4,0
V: Eiserfeld (Eisenzeche), Eisern (Eisenhardter Tiefbau), Herdorf (Hollertzug, San Fernando), Siegen (Ameise, Hohler Stein), Struthütten (Römel); Fellinghausen (Friedberg); Kausen (Käusersteimel), Gebhardshain (Bindweide)

Links: Limonit, 14 cm, ehem. Gr. Huth bei Roth.

Manganit, MnOOH
K: monoklin
Ausb: XX prismatisch, längsgestreift, tafelig; auch derb
F: schwarz
Str: schwarzbraun
H: 4,0; D: 4,3–4,4
V: Brachbach (Wernsberger Erbstollen), Dermbach (Conkordia), Eiserfeld (Eisenzecher Zug), Hamm (Huth), Herdorf (Bollnbach, Hollertzug), Struthütten (Ente, Steimel); Lindener Mark; Lautzenbrücken

Lithiophorit, etwa $(Al,Li)(OH)_2MnO_2$
K: monoklin
F: blauschwarz
Str: schwärzlichgrau
H: 3; D: 3,3
V: Betzdorf (Eselskopf; Wechsellagerung mit Pyrolusit, nur erzmikroskopisch nachgewiesen)

V. Carbonate

Magnesit, $MgCO_3$
K: trigonal
Ausb: XX eingewachsen; körnig, dicht
F: farblos, weiß, gelb
Str: weiß, grau
H: 4,0–4,5; D: ca. 3,0

Smithsonit, $ZnCO_3$
K: trigonal
Ausb: XX klein, gerundet; krustig, schalig, stalaktitisch
F: farblos, gelblich
Str: weiß
H: 5,0; D: 4,0–4,5
V: Neunkirchen, Wilnsdorf; Untere Lahn

Oben: Siderit, ehem. Gr. Friedrich-Wilhelm in Herdorf. Breite der Stufe 9 cm.

Siderit, $FeCO_3$
K: trigonal
Ausb: XX verzerrt, sattelförmig; dicht, spätig, derb
F: braun, schwarz
Str: rotbraun
H: 4,0–4,5; D: 3,7–3,9
V: In allen Siegerländer Gruben.

Links: Phillipsit auf Basalt, Stufe 15 cm, Hergenroth bei Westerburg.

Verschiedene Varietäten, z. B.:

Sphärosiderit:	Eiserfeld, Eisern (Alte Birke), Siegen (Hubach)
Blätterspat:	Herdorf (Bollnbach), Siegen (Martinshardt)
Rotspat:	Eiserfeld (Eisenzecher Zug), Gosenbach (Storch & Schöneberg), Weidenau (Neue Haardt)

Vorkommen von Siderit in angrenzenden Gebieten: Ewersbach (Thomas); Willroth (Georg), Neustadt (Anxbach)

Unten: Rötlicher Calcit, Steeden/Lahn.

Höhlenperlen, Calcitbildungen im Kalkgestein von Erdbach, bis ca. 2,5 cm.

Rhodochrosit, $MnCO_3$
K: trigonal
Ausb: XX klein, rhomboedrisch, linsenförmig; spätig, derb
F: rot, bräunlich, grau
Str: weiß, hellrosa
H: 4,0; D: 3,3–3,6
V: Eiserfeld (Eisenzecher Zug), Herdorf (Hollertzug, Roter Adler XX, San Fernando, Wolf XX), Neunkirchen (Frauenberger Einigkeit XX, Leyerhund XX), Brachbach (Wernsberger Erbstollen)

Calcit, $CaCO_3$
K: trigonal
Ausb: XX formenreich; gesteinsbildend
F: farblos
Str: weiß
H: 3,0; D: 2,6–2,8
V: Verbreitet! Biersdorf (Füsseberg), Littfeld, Niederhövels (Eupel), Niederschelden (Storch & Schöneberg), Siegen (Ameise, Hohler Stein), Weidenau (Neue Haardt); Biebertal (Königsberger Gemarkung), Dünsberg, Ehringshausen-Breitenbach (Schöner Anfang), Herbornseelbach, Hermannstein, Medenbach, Niederscheld (Falkenstein), Oberscheld (Auguststollen, Königszug, Nikolausstollen); Münster (Endersberg, Lindenberg), Dehrn, Obernhof, Steeden, Villmar

Dolomit, $CaMg(CO_3)_2$
K: trigonal
F: weiß, gelb, braun
Str: weiß, gelblich
H: 3,5–4,0; D: 2,8–2,9
V: Biersdorf (Füsseberg), Littfeld, Müsen, Neunkirchen; Herbornseelbach; Münster (Endersberg, Lindenberg), Ems (Merkur), Obernhof
Rosafarbene Varietät: Eiserfeld (Eisenhardter Tiefbau), Eisern (Kohlenbach)

Ankerit, $CaFe(CO_3)_2$
K: trigonal
Ausb: XX oft aus Unterindividuen
F: braun
Str: weiß bis hellgrau
H: 3,5; D: 2,9–3,8
V: Gosenbach (Storch & Schöneberg), Katzwinkel (Vereinigung), Niederhövels (Eupel, Wingertshardt), Weidenau (Neue Haardt)

Oben: Dolomit mit Quarz und Kupferkies, ehem. Gr. Eupel.

Rechts: Thomsonit, kugelförmig, (ca. 5 cm), mit Phillipist auf Balsat, Malscheid bei Herdorf.

Aragonit, $CaCO_3$
K: orthorhombisch
Ausb: XX prismatisch, nadelig
F: weiß
Str: weiß
H: 3,5–4,0; D: 2,95
V: Herdorf (Malscheid), Siegen, Herbornseelbach; Lautzenbrücken u. a. im Westerwald
Var. Eisenblüte: Eiserfeld (Grüner Jäger), Niederdielfen (Grimberg), Siegen (Philippshoffnung), Wilnsdorf (Löwenstern)

Oben links: Cerussit, Wilnsdorf.

Oben: Malachit, 7 cm, ehem. Gr. Käusersteimel.

Cerussit, $PbCO_3$

K: orthorhombisch

Ausb: XX tafelig, prismatisch; derb

F: farblos

Str: weiß

H: 3,0–3,5; D: 6,5

V: Eisern (Ahe), Flammersbach b. Wilnsdorf (Transvaal), Herdorf (San Fernando), Littfeld (Viktoria), Müsen (Brüche), Niederdielfen (Grimberg), Niederfischbach, Siegen (Ginberg, Gränsberg), Wilnsdorf (Marie, Neue Hoffnung), Wissen (Friedrich); Ems (Friedrichssegen)

Azurit, $CO_3(OH/CO_3)_2$

K: monoklin

Ausb: XX kurzsäulig, tafelig; derb

F: blau

Str: blau

H: 3,5–4,0; D: 3,8

V: Littfeld (Heinrichssegen, Viktoria), Müsen (Brüche), Wilnsdorf (Marie); Lautzenbrükken

Malachit, $Cu_2[(OH)_2/CO_3]$

K: monoklin

Ausb: nadelig; derb

F: grün

Str: hellgrün

H: 3,5–4,0; D: 4,1

V: Betzdorf (Anna), Eiserfeld (Eisenzecher Zug), Eisern (Eisenhardter Tiefbau), Gosenbach (Storch & Schöneberg), Herdorf (Friedrich Wilhelm, San Fernando, Wolf), Katzwinkel (Vereinigung), Littfeld (Viktoria), Neunkirchen, Niederhövels (Eupel), Steckenstein b. Wissen (Eisengarten, Friedrich), Siegen (Hohe Grete); Biebertal (Lochmühle), Dillenburg, Dünsberg; Ems

Hydrozinkit, $Zn_5((OH)_3/CO_3)_2$
K: monoklin
Ausb: XX selten
F: weiß
Str: weiß
H: 2,5; D: 4,85
V: Littfeld

Aurichalcit $(Zn, Cu)_5((OH)_6CO_3)_2$
K: orthorhombisch
Ausb: XX nadelig, strahlig
F: grünlich, bläulich
Str: grünlich
H: 2; D: 3,6–4,2
V: Langhecke

VI. Sulfate

Baryt, $BaSO_4$
K: orthorhombisch
Ausb: XX tafelig; spätig, derb
F: weiß
Str: weiß
H: 3,0–3,5; D: 4,3–4,7
V: Flammersbach b. Wilnsdorf (Transvaal), Littfeld (Anna, Heinrichssegen), Müsen (Stahlberg), Salchendorf (Stahlseifen); Biebertal (Lochmühle); Eichelhardt

Baryt, Bruchfläche

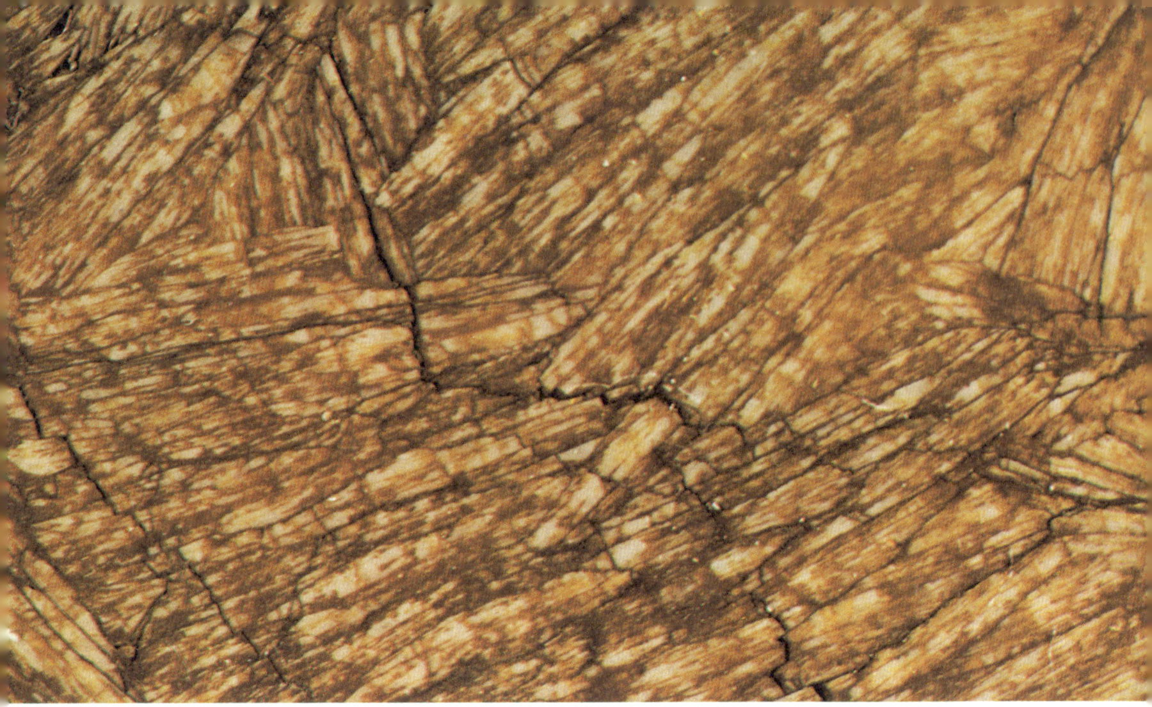

Oben: Baryt, Anschliff, 12 cm, Hartenrod.

Rechts: Gips, ca. 2,5 cm.

Anglesit, $PbSO_4$
K: orthorhombisch
Ausb: XX flächenreich, prismatisch
F: farblos
Str: weiß
H: 3,0; D: 6,3
V: Herdorf (San Fernando), Littfeld (Heinrichssegen, Viktoria), Müsen (Brüche), Niederdielfen (Gimberg), Wilnsdorf (Marie)

Brochantit, $Cu_4[(OH)_6/SO_4]$
K: monoklin
Ausb: XX klein; derb
F: grün
Str: hellgrün
H: 3,5–4,0; D: 3,9
V: Nassau, Obernhof

Linarit, $PbCu[(OH_2/SO_4]$
K: monoklin
Ausb: XX klein, tafelig, prismatisch; derb
F: blau
Str: hellblau
H: 2,5; D: 5,35
V: Herdorf (Malscheid), Littfeld (Viktoria), Wilnsdorf (Marie); Nassau

Gips, $Ca[SO_4] \cdot 2\ H_2O$
K: monoklin
Ausb: XX prismatisch, dicktafelig, in Gruppen, Drusen; derb
F: farblos
Str: weiß
H: 2,0; D: 2,2–2,4
V: Wilden (Landeskrone)

Corkit, $PbFe_3^{3+}[(OH)_6/SO_4PO_4]$
K: trigonal
F: grün
D: 4,3
V: Dernbach, Willroth (Georg)

Hinsdalit, $PbAl_3[(OH)_6/SO_4PO_4]$
K: trigonal
F: farblos
D: 3,65
V: Dernbach, Willroth (Georg)

Morenosit, $NiSO_4 \cdot 7\,H_2O$
K: orthogonal
F: grün
H: 2–2,5; D: 1,95
V: Nanzenbach (Hilfe Gottes)

Melanterit, $FeSO_4 \cdot 7\,H_2O$
K: monoklin
Ausb: XX klein, selten
F: grün
Str: hell, weiß
H: 2,0; D: 1,9
V: Philippstein/Ts.

VII. Phosphate, Arsenate, Vanadate

Olivenit, $Cu_2[OH/AsO_4]$
K: orthorhombisch
Ausb: XX prismatisch, nadelig, traubig
F: grün
Str: olivgrün
H: 3,0; D: 4,3
V: Dernbach

Rockbridgeit, $(Fe^{2+}, Mn)Fe_4^{3+}[(OH)_5/(PO_4)_3]$
K: orthorhombisch
Ausb: glaskopfartig; XX sehr klein
F: grünschwarz
Str: hellgrün
H: 4,5; D: 3,47
V: Eiserfeld, Herdorf (San Fernando); durch hydrothermale Einwirkung auf Phosphate

Frondelit, $(Mn,Fe^{2+})Fe_4^{3+}[(OH)_5/(PO_4)_3]$
K: orthorhombisch
Ausb: radialstrahlig, XX selten, klein, prismatisch
F: bräunlich
Str: hellbraun
H: 4,5; D: 3,4
V: Waldgirmes

Pseudomalachit, $Cu_5[(OH)_2/PO_4]_2$
K: monoklin
Ausb: strahlig, traubig
F: grün
Str: grün
H: 4,5; D: 3,6
V: Dillenburg

Apatit, $Ca_5[(F,OH)/(PO_4)_3]$
K: XX oft flächenreich, prismatisch, auch körnig, derb
Str: weiß
H: 5,0; D: 3,3
V: Altenseelbach (Hohenseelbachskopf), Herdorf (Malscheid), Siegen (Hubach)

Phosphorit
Kein reines Mineral, sondern Carbonat-Hydroxyl-Apatit
V: Nassau etc.

Pyromorphit, $Pb_5[Cl/(PO_4)_3]$
K: hexagonal
Ausb: XX prismatisch, strahlig; derb
F: farblos, grün, gelb, braun
Str: weiß
H: 3,5–4,0; D: 6,7–7,0
V: Herdorf (San Fernando, Malscheid), Wilden (Bautenberg), Wilgersdorf (Neue Hoffnung); Biebertal (Eleonore); Dernbach (Schöne Aussicht), Ems (Bergmannstrost, Friedrichssegen, Merkur; Bez. „Emser Tönnchen“)

Mimetesit, $Pb_5[Cl/(AsO_4)_3]$
K: monoklin
Ausb: säulig; derb
F: farblos
Str: weiß
H: 3,5–4,0; D: ca. 7,1
V: Herdorf (Malscheid); Dernbach

Strengit, $Fe^{3+}[PO_4] \cdot 2\ H_2O$
K: orthorhombisch
Ausb: XX radialstrahlig, pseudohexagonal
F: violett
Str: hell
H: 3,0–4,0; D: 2,9
V: Biebertal (Eleonore), Waldgirmes

Vivianit, $Fe_3[PO_4]_2 \cdot 8\ H_2O$
K: monoklin
Ausb: XX prismatisch, faserig
F: bläulich
Str: farblos, blauweiß
H: 2,0; D: 2,6–2,7
V: Heuchelheim

Erythrin, $Co_3(AsO_4)_2 \cdot 8\ H_2O$
K: monoklin
Ausb: XX klein, nadelig, tafelig, kugelig
F: violettrot
Str: zartrosa
H: 2,0; D: 3,1
V: Eiserfeld, Eisern, Gosenbach, Struthütten; Biebertal (Eleonore, Lochmühle)

Bieberit, $Co[SO_4] \cdot 7\ H_2O$
K: monoklin
F: rosa
H: 2; D: 1,96
V: Müsen; Bieber

Pyromorphit, 32 cm, ehem. Gr. Hollertzug.

Annabergit, $Ni_3(AsO_4)_2 \cdot 8\ H_2O$
K: monoklin
Ausb: XX selten
F: grün
Str: bläulichgrün
H: 2–2,5; D: 3–3,1
V: Nanzenbach (Hilfe Gottes)

Kakoxen, $Fe_4^{3+}[OH/PO_4]_3 \cdot 12\ H_2O$
K: hexagonal
Ausb: XX klein, nadelig
F: gelb
H: ca. 3,0; D: 2,3–2,8
V: Biebertal (Eleonore), Waldgirmes

Beraunit, $Fe_3^{3+}[(OH)_3/(PO_4)_2] \cdot 2^1/_2\ H_2O$
K: monoklin
Ausb: XX klein, tafelig
F: rotbraun
Str: gelb
H: 3,0–4,0; D: ca. 2,9
V: Biebertal (Eleonore, synon. ,,Eleonorit"!), Waldgirmes

Wavellit, $Al_3[(OH)_3/(PO_4)_2] \cdot 5\ H_2O$
K: orthorhombisch
Ausb: XX nadelig, Kugelaggregate
F: grün
Str: weißlich
H: 3,5–4,0; D: 2,36
V: Dillenburg (Eisenzeche), Dünsberg, Oberscheld (Königszug), Waldgirmes, Weilburg; hydrothermal, auf Klüften von Schiefer u. a.

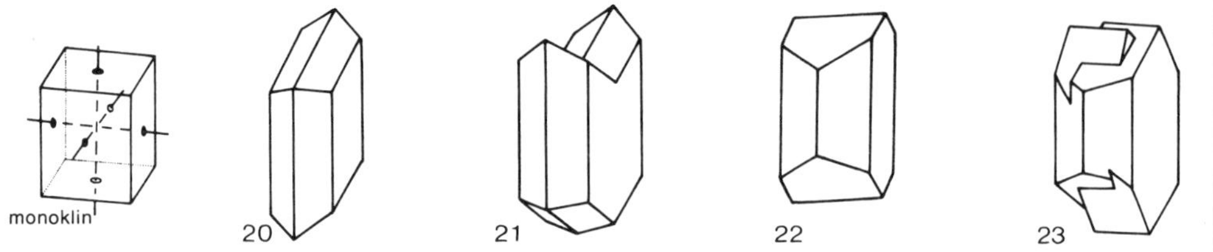

Typische Kristallformen des kubischen Systems: 20 und 21 Gips; 22 und 23 Orthoklas.

Pharmakosiderit, $KFe_4[(OH)_4/(AsO_4)_3] \cdot 7\ H_2O$
K: kubisch
Ausb: XX klein; derb
F: grün, bräunlich
Str: hellgrün
H: 2,5; D: 2,9–3,0
V: Dernbach, Willroth (Georg)

Torbernit, $Cu[UO_2/PO_4]_2 \cdot 8–12\ H_2O$
K: tetragonal
Ausb: flache Täfelchen
F: grün
Str: gelblich, grünlich
H: 2–2,5; D: 3,2–3,7
V: Obernhof

Bermanit, $Mn^{2+}Mn_2^{3+}\ [OH/PO_4]_2 \cdot 4\ H_2O$
K: monoklin
F: rotbraun
Str: gelblich
H: 3,5; D: 2,8–3,0
V: Waldgirmes, Eleonore

Coeruleolaktit, $CaAl_6\ [(OH)_2\ /\ PO_4]_4 \cdot 4\ H_2O$
K: triklin
F: weißblau
H: 5; D: 2,6
V: Waldgirmes (XX)

Dufrenit, $\sim (Ca,Fe)_2Fe_5^{3+}\ [(OH)_6/(PO_4)_4] \cdot 2\ H_2O$
Ausb: monoklin
F: grünschwarz
H: 3,5–4,0; D: 3,3
V: Siegen, Eiserfeld (Feuer & Flamm), Herdorf (Hollertzug); Waldgirmes

Carminit, $PbFe_2^{3+}\ [OH/AsO_4]_2$
K: orthorhombisch
Ausb: XX klein
D: 4,1
V: Dernbach, Willroth (Georg)

Laubmannit, $Fe_3^{2+}\ Fe_6^{3+}\ [(OH)_3/PO_4]_4$
K: orthorhombisch
F: grünbraun
V: Waldgirmes!

Plumbogummit, $PbAl_3\ [(OH)_6/PO_4/PO_3OH]$
K: trigonal
F: gelb
H: 4–4,5; D: 4–5
V: Ems, Untere Lahn

Skorodit, $Fe^{3+}[AsO_4] \cdot 2\ H_2O$
K: orthorhombisch
F: grün
Str: grünlichweiß
H: 3,5–4; D: 3,1–3,4
V: Herdorf (Hollertzug), Dernbach

Variscit, Al[PO_4] · 2 H_2O
K: orthorhombisch
Ausb: nierig, krustig, XX klein
F: grün
Str: hellgrün
H: 4,0–5,0; D: 2,5
V: Waldgirmes

VIII. Silikate

Olivin, $(Mg,Fe)_2[SiO_4]$
K: orthorhombisch
Ausb: XX prismatisch, tafelig, eingewachsen
Str: weiß
H: 6,5–7,0; D: 3,3
V: Herdorf (Wahlscheid); Oberdresselndorf, Aßlar; weitverbreitet als Einsprengling im Basalt des Westerwaldes

Datolith, $CaB^{[4]}[OH/SiO_4]$
K: monoklin
Ausb: XX flächenreich, in Drusen
F: grünweiß
Str: weiß
H: 5,0–5,5; D: 2,9–3,0
V: Herbornseelbach; in Blasenräumen von Eruptivgesteinen

Pumpellyit, $Ca_2MgAl_2[(OH)_2 / SiO_4 / Si_2O_7] \cdot H_2O$
K: monoklin
Ausb: XX klein
F: blaugrün
H: 5,5; D: 3,2
V: Herbornseelbach

Hemimorphit, $Zn_4[(OH)_2 / Si_2O_7] \cdot H_2O$
K: orthorhombisch
Ausb: kugelig, traubig; durch Verwitterung von Sphalerit und Smithsonit
F: farblos, weiß
Str: weiß
H: 5,0; D: 3,3–3,5
V: Ems (Mercur)

Ilvait, $CaFe_2^{2+}Fe^{3+}[OH/O/Si_2O_7]$
K: orthorhombisch
Ausb: XX prismatisch, strahlig, längsgestreift
F: schwarz
Str: schwärzlich
H: 6,0–7,0; D: 4,1
V: Von HAEGE 1887 erwähnt; Dillenburg; Kontaktmineral

Epidot, $Ca_2(Fe^{3+},Al)Al_2[O/OH/SiO_4 / Si_2O_7]$
K: monoklin
Ausb: XX flächenreich, nadelig
F: grün
Str: weißgrau
H: 6–7; D: 3,4
V: Blasbach (XX), Herbornseelbach, Steinperf (Burgberg XX); Kontaktmineral

Prehnit, $Ca,Al[(OH)_2/AlSi_3O_{10}]$
K: orthorhombisch
Ausb: XX selten; strahlig, kugelig
F: weißgrün
Str: weiß
H: 6,0–6,5; D: 2,9
V: Hartenrod, Herbornseelbach, Steinperf (Burgberg XX); Leun (XX), Nassau; auf Klüften, in Blasenräumen

Hypersthen, $(Fe,Mg)_2[Si_2O_6]$
K: orthorhombisch
Ausb: XX klein
F: braungrün
Str: gelbbraun
H: 5,0–6,0; D: 3,5
V: Dillenburg; Bestandteil magmatischer Gesteine

Babingtonit, $Ca_2Fe^{2+}Fe^{3+}[Si_5O_{14}OH]$
K: triklin
Ausb: XX klein, tafelig, kurzsäulig
F: grünschwarz
Str: gelblich
H: 5,5–6,0; D: 3,4
V: Herbornseelbach; z. T. hydrothermal gebildet

Pektolith, $Ca_2NaH[Si_3O_9]$
K: triklin
Ausb: XX dünntafelig, nadelig
F: weiß
Str: weiß
H: 5,0; D: 2,8
V: Hartenrod, Herbornseelbach; mit Zeolithen

Inesit, $Ca_2Mn_7[Si_5O_{14}OH]_2 \cdot 5\ H_2O$
K: triklin
Ausb: XX klein, prismatisch, radialstrahlig
F: rosa
Str: weiß
H: 6,0; D: 3,1
V: Nanzenbach (Hilfe Gottes)

Apophyllit, $KCa_4[F/(Si_4O_{10})_2] \cdot 8\ H_2O$
K: tetragonal
Ausb: XX aufgewachsen
F: farblos
Str: weiß
H: 4,5–5,0; D: 2,35
V: Hartenrod, Herbornseelbach; mit Zeolithen, auch auf Erzgängen

Talk, $Mg_3[(OH)_2/Si_4O_{10}]$
K: monoklin
Ausb: schuppig, stengelig
F: grau
Str: weiß
H: 1,0; D: 2,7–2,8
V: Eiserfeld, Littfeld (Heinrichssegen), Müsen

Muskovit, $KAl_2[(OH,F)_2/AlSi_3O_{10}]$
K: monoklin
Ausb: XX tafelig
F: farblos
Str: weiß
H: 2,0–2,5; D: 2,8
V: als Gesteinseinschluß

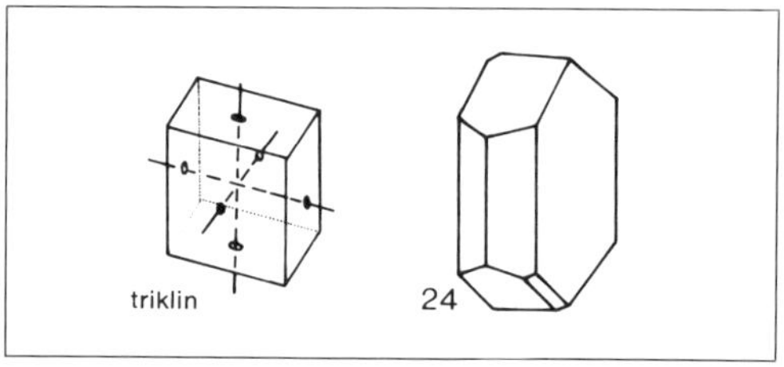

Typische Kristallformen des triklinen Systems: 24 Albit.

Biotit, $K(Mg,Fe^{2+})_3[(OH)_2\ /\ (Al,Fe^{3+})\ Si_3O_{10}]$
K: monoklin
Ausb: XX tafelig
F: schwarz
Str: grauweiß
H: 2,5–3,0; D: 2,8–3,2
V: im Basalt

Lepidolith, I. $KLi_2\ Al[(F,OH)_2/Si_4O_{10}]$
Lepidolith, II. $KLi_{1,5}Al_{1,5}[(F,OH)_2/AlSi_3O_{10}]$
K: monoklin
Ausb: schuppig, feinkörnig
F: grau, violett
Str: weiß
H: 2,5; D: 2,8–2,9
V: Siegen; in Pegmatiten

Nakrit, $Al_4[(OH)_8/Si_4O_{10}]$
K: monoklin
Ausb: feinerdig; XX sehr klein
F: weiß
Str: weiß
H: 1,5–2; D: 2,6
V: Raubach

Antigorit, $Mg_6[(OH)_8/Si_4O_{10}]$
K: monoklin
Ausb: meist dicht
F: grün
H: 3,0–4,0; D: 2,5–2,6
V: Dillgebiet

Asbest var. Palygorskit,
$(Mg,Al)_{\sim 2}[OH/Si_4O_{10}] \cdot 2\ H_2O + 2\ H_2O$
K: monoklin
F: weiß, gelb
V: Dillgebiet

Analcim, $Na[AlSi_2O_6] \cdot H_2O$
K: kubisch
Ausb: XX ein- und aufgewachsen, klein
F: grau, farblos
Str: weiß
H: 5,5; D: 2,2
V: Herbornseelbach; hydrothermal, in Blasenräumen

Albit, $Na[AlSi_3O_8]$
K: triklin
Ausb: XX aufgewachsen
F: grau, weiß
Str: weiß
H: 6,5; D: 2,6
V: Burgsolms, Steinperf (Burgberg)

Orthoklas, $K[AlSi_{33}O_8]$
K: monoklin
Ausb: XX aufgewachsen
F: weiß, farblos
Str: weiß
H: 6,0; D: 2,5–2,6
V: Burgsolms; Gemengeteil von Gesteinen

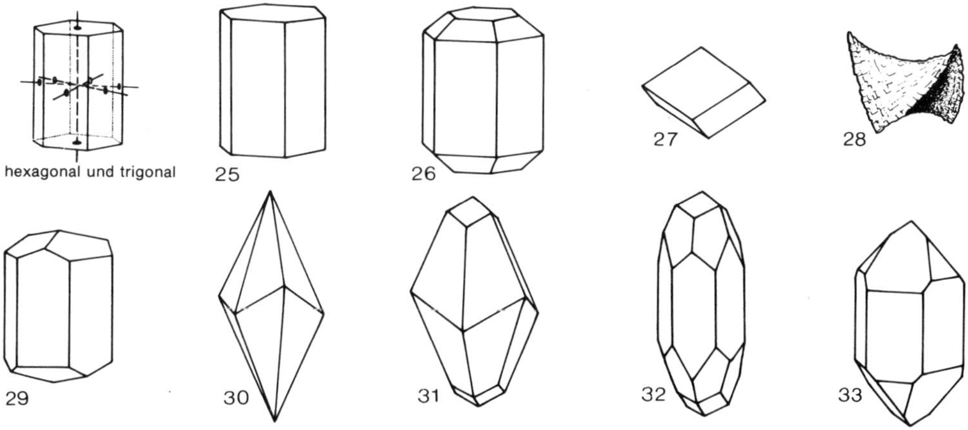

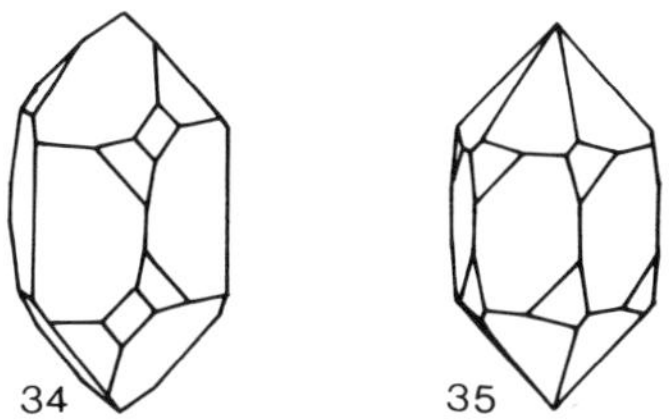

Typische Kristallformen des hexagonalen und trigonalen Systems: 25 Apatit, Calcit, Mimetesit, Pyromorphit, Quarz; 26 Mimetesit, Pyromorphit; 27 Calcit, Dolomit, Magnetit, Rhodochrosit, Smithsonit, Siderit; 28 Dolomit; 29–32 Calcit; 33–35 Quarz.

Natrolith in Basalt, Stufe ca. 13 cm, Hergenroth bei Westerburg.

Natrolith, $Na_2[Al_2Si_3O_{10}] \cdot 2\ H_2O$
K: orthorhombisch
Ausb: XX nadelig, langprismatisch, haarförmig
F: farblos
Str: weiß
H: 5,0–5,5; D: 2,2–2,4
V: Rödgen (Rödgerwald); Beilstein, Hartenrod, Langenaubach (Constanze); Lautzenbrücken, Roth/Ww; in Blasenräumen von Basalten

Thomsonit, $NaCa_2[Al_5Si_5O_{20}] \cdot 6\ H_2O$
K: orthorhombisch
Ausb: XX selten, meist nadelig
F: farblos
Str: weiß
H: 5,0–5,5; D: 2,3–2,4
V: Roth/Ww, Hergenroth

Skolezit, $Ca[Al_2Si_3O_{10}] \cdot 3\ H_2O$
K: monoklin
Ausb: XX langprismatisch, strahlig
F: weiß, grau
Str: weiß
H: H: 5–5,5; D: 2,1–2,4
V: Marienberg (Eisenkaute)

Laumontit, $Ca[Al_2Si_4O_{12}] \cdot 4\ H_2O$
K: monoklin
Ausb: XX prismatisch, bröckelnd
Str: farblos, weiß
Str: weiß
H: 3,0–3,5; D: 2,3
V: Herbornseelbach; in Blasenräumen von Basalten

Phillipsit, Basaltbruch Lautzenbrücken.

Heulandit, $Ca[Al_2Si_7O_{18}] \cdot 6\ H_2O$
K: monoklin
Ausb: XX tafelig
F: farblos, weiß
Str: weiß
H: 3,5–4,0; D: 2,2
V: Hartenrod, Herbornseelbach; in Blasenräumen von Basalten

Stilbit, $Ca[Al_2Si_7O_{18}] \cdot 7\ H_2O$
K: kubisch
Ausb: XX selten gut
F: weiß, gelb
Str: weiß
H: 3,5–4,0; D: 2,1–2,2
V: Herbornseelbach; in Blasenräumen von Basalten

Phillipsit, $KCa[Al_3Si_5O_{16}] \cdot 6\ H_2O$
K: monoklin
Ausb: XX klein
F: farblos
Str: weiß
H: 4,5; D: 2,2
V: Hergenroth, Roth/Ww.

Harmotom, $Ba[Al_2Si_6O_{16}] \cdot 6\ H_2O$
K: monoklin
Ausb: XX ähnlich Phillipsit, prismatisch
F: farblos, weiß
Str: weiß
H: 4,5; D: 2,4–2,5
V: Marienberg (Eisenkaute)

Chabasit, $Ca[Al_2Si_4O_{12}] \cdot 6\ H_2O$
K: trigonal
Ausb: XX fast würfelig, Zwillinge
F: farblos, weiß
Str: 4,5; D: 2,0–2,1
V: Altenseelbach (Hohenseelbachskopf), Herdorf; Herbornseelbach; Hergenroth, Lautzenbrücken; in Blasenräumen von Basalten

Exkursionen

Exkursion I: Nördliches Siegerland

Die Exkursion führt durch den Nordzipfel des Siegerländer Erzbezirks und den Bereich der Müsener Gänge.

Siegen bietet sich als Ausgangspunkt an. Dort wird man nicht versäumen, das Museum des Siegerlandes (S. 160) zu besuchen, das eine hervorragende Einführung in die gesamte Siegerlandkunde vermittelt. Wenn sich eine Gelegenheit dazu bietet, sollte auch die kostbare Mineraliensammlung der ehemaligen Bergschule besichtigt werden.

Die nördlich des Stadtteils **Weidenau** gelegene frühere Grube Neue Haardt wurde durch den dort neben Siderit gefundenen Haematit (XX) sowie Bornit und Dolomit bekannt. Durch den Zusammenschluß mehrerer Gemeinden war die Stadt **Hüttental** entstanden, die jetzt zu Siegen gehört. Bodenfunde zeigen, daß schon während der La-Tène-Zeit (bis 100 v. Chr.) Eisenerz geschürft und verhüttet wurde. Bergbau und Industrie haben diese Gegend nachhaltig geprägt. Die Schlackenhalde der einstigen Bremer Hütte ist geradezu Wahrzeichen Hüttentals.

Man folgt der B 54 über Geisweid nach Kreuztal. Über Krombach geht es dann nach **Littfeld.** Östlich des Ortes am südlichen Abhang vom Hohen Wald (655 m) setzten die ehemaligen Gruben Victoria und Heinrichssegen über Gängen auf, die sich bis nach Silberg fortsetzen, wo sie einst durch die Gruben Glanzenberg und Goldberg ausgebeutet wurden. Ihr Streichen ist wie das der meisten Müsener Gänge von Süden nach Norden gerichtet. Die Littfelder

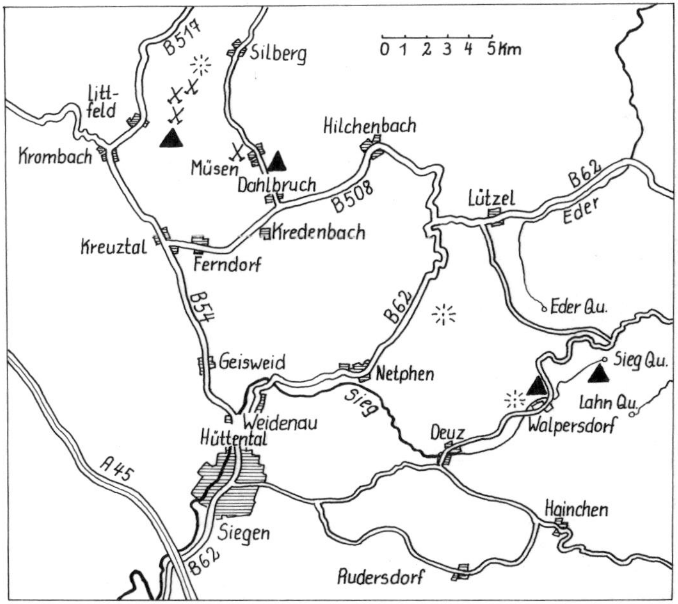

Orientierungsskizze zu Exkursion I

Gruben lagen etwa 300 m auseinander. Victoria erreichte eine Endteufe von 580 m. Die Halden dieser und mehrerer kleinerer Gruben lassen noch heute die bergbauliche Bedeutung des Ortes erkennen, der früher einmal nächst Siegen die höchste Einwohnerzahl im Siegerland zählte. Haldenfunde sind noch immer möglich. Auf der Victoria sind Anglesit, Cerussit, Linneit, Malachit und Siegenit (alle als XX) noch in jüngerer Zeit gesammelt worden, ferner Limonit und Siderit.

Ähnlich ist die Situation auf den Halden der Grube Heinrichssegen, die auch Stephanit (XX) geliefert haben soll.

Von Littfeld aus kann man den Wanderparkplatz am Kindelsberg (618 m) anstreben. Auf dem Berggipfel, der eine prähistorische Wallanlage trägt, erlaubt ein Aussichtsturm einen ausgezeichneten Rundblick über das Siegerland und nordwärts zum Sauerland hin. Am Nordhang, schon näher zum Altenberg, baute die Grube Silberart auf drei Gängen, die Blei- und Fahlerz führten. Die Fahrstraße zum Kindelsberg beschreibt unterwegs eine Haarnadelkurve, hinter der eine Felsklippe, der Hohe Stein, sichtbar wird. Es sind helle Quarzite der Kindelsberg-Folge, die ihn aufbauen. An der Straße zum Parkplatz liegen über den Gesteinen der Kindelsberg-Schichten die rötlichen der Martinshardt-Schichten. Hier sei an die geologische Einleitung erinnert. Die am Ort aufgeschlossene Folge gehört zu den Müsener Schichten, die innerhalb der im Siegerland üblichen Gesteinsausbildung eine gewisse Sonderstellung einnehmen. Über dem noch unbekannten Liegenden setzten nacheinander auf: 1. Ziegenberg-Folge; blaugraue, geschieferte Tonsteine mit einigen geringmächtigen Lagen von Rotschiefer und eingeschalteten quarzitischen Sandsteinen; 2. Kindelsberg-Folge, die wir noch näher kennenlernen; 3. Martinshardt-Folge; rote, geschieferte Ton- und Sandsteine, dazu Quarzite oder quarzitische Sandsteine, grüne und graue geschieferte Tonsteine. Im Hangenden folgen Gesteine des Siegen. Auffallendes Merkmal dieser Müsener Schichten (Gedinne) ist ihre Rotfärbung.

Auf dem Exkursionsweg wurden bisher mehrere SW-NE-streichende Störungen passiert: Nördlich Siegen querten wir die Weidenauer Schuppenzone in Oberen Siegener Schichten. Die Geisweider Überschiebung grenzt sie gegen die gleichfalls aus Oberen Siegener Schichten aufgebaute Giebelwald-Mulde ab, die sich nordöstlich über Hilchenbach hinaus erstreckt. An dieser Stelle befinden wir uns im nördlich anschließenden Morsbach-Müsener Schollensattel, der durch mehrere Nord-Süd verlaufende Störungen in Einzelschollen zerstückelt ist, die gesteinsmäßig dem Unteren oder Mittleren Siegen angehören oder hier gar noch älter (vermutlich Gedinne) sind.

Mächtig überragt das von Kindelsberg und Ziegenberg gebildete Massiv die benachbarten Gebiete. Die Quarzite der Müsener Schichten haben der Abtragung größeren Widerstand geleistet als die Siegener Schichten der Umgebung. Man ahnt regelrecht die Störung, die den Müsener Horst, wie diese tektonische Einheit genannt wird, am Ostrand erfaßt hat. Dort sind Müsener und Siegener Schichten gegeneinander versetzt. Letztere wurden stärker abgetragen, so daß die Martinshardt steil nach Müsen hin abfällt.

Beim Rückweg von der Grube Victoria oder vom Kindelsberg aus kann man zum wohl interessantesten Ziel der Exkursion fahren oder wandern, zum Grabungsgelände **Altenberg.** Die Markierung der Wanderwege, die durchweg vom Sauerländischen Gebirgsverein besorgt wird, ist übersichtlich und zuverlässig, so daß Wanderungen in diesem Gebiet unbedingt empfohlen werden können.

Die Ausgrabungen auf dem Altenberg leisten einen höchst wichtigen Beitrag zur Erforschung des mittelalterlichen Bergbaues. Dieses Altenberg stellt eigentlich keinen Berg dar, sondern bezeichnet eine Paßhöhe zwischen dem Kindelsberg und dem nördlich liegenden Ziegenberg, über die der Weg von Littfeld nach Müsen führt. „Berg" meint hier also ein Gelände, wo einst Bergbau umging.

Die hochragenden Halden über dem Fahrweg sind neuzeitlich. Ein Denkstein am Haldenfuß erinnert an diese neuere Grube Altenberg. Vom älteren Bergbau dürften dagegen die zahlreichen Pingen beiderseits der Paßstraße künden.

Alter und neuer Bergbau fuhren innerhalb der schon bekannten Kindelsberg-Folge. Es sind helle Quar-

zitbänke, zwischen deren Folgen geringmächtige, dunkle, geschieferte Tonsteine lagern.
Seit etwa 1964 wurde die Aufmerksamkeit der Fachwelt durch Funde, die Einheimische machten, auf den Altenberg gelenkt. In den Folgejahren betrieb das Westfälische Landesamt für Denkmalpflege in Münster ausgedehnte und sorgfältige Grabungen. Ein Rundweg erschließt dem Besucher die Grabungsbefunde.
Der Altenberger Bergbau ging auf einem silberhaltigen Blei- und Zinkerzvorkommen um. Dieser Altenberger Gang läuft quer über die Paßhöhe und trifft im Nordwesten auf den Prinz-Wilhelm-Gang. Hier lag der Schwerpunkt des alten und neuzeitlichen Bergbaues, denn in der Gangscharung ist nun einmal die Vererzung am reichsten!
Auf dem Rundweg werden die Methoden dargestellt, mit denen man einst die Bodenschätze ausbeutete. Er führt zu Halden und Pingen, zur Schmelzofenanlage und zum Holzturm, er bezeichnet Fundstellen und ihre Schätze, erlaubt einen Blick in den Schacht und zeigt die Fundamente einstiger Arbeits- und Wohnstätten. Für diese in ihrer Art wohl einmalige Stätte sollte man sich etwas Zeit gönnen!
Nicht weit ist es nun nach **Müsen,** einem der großen klassischen Mineralfundorte des Siegerlandes. Auf der Martinshardt setzten drei Gruben auf: Brüche, Wildermann und Stahlberg. Letztere ist die älteste und zugleich die wohl berühmteste Grube des Siegerlandes. Allein die Geschichte dieser einen Grube würde ein eigenes Büchlein füllen. Dem Naturfreund ist sie durch die prachtvollen Stufen ein Begriff geworden, die heute in Museen als besondere Rarität gehütet und bestaunt werden. Denn obwohl berühmte Leute anreisten, um die Funde zu würdigen, ist relativ wenig von der einstigen Mineralausbeute in wirklich guter Qualität erhalten geblieben. Anders als in Littfeld sind hier praktisch keine Fundmöglichkeiten mehr gegeben.
Die Müsener Gruben Stahlberg und Grubenberg lieferten im wesentlichen die gleichen Mineralien, wie sie aus Littfeld bekannt wurden, also vor allem Anglesit, Cerussit, Linneit, Malachit und Siegenit (alle XX), das bezeichnenderweise auch Müsenit genannt wird. Aber auch andere Gruben im Müsener Revier erlaubten manche bemerkenswerten Funde. Bleiglanz, Fahlerz, Siderit und Zinkblende wurden in größerer Mächtigkeit angetroffen, durchweg derb und nur relativ selten in Kristallen. Beigefügte Liste zeigt das ganze Spektrum des Mineralreichtums der Müsener Gänge. Sie beansprucht keineswegs Vollständigkeit, denn nicht jeder Fund hat in der Literatur seinen Niederschlag gefunden, und Nachforschungen sind heute nicht mehr möglich.

Mineralien von Müsen
(nach R. Bode, 1981)

Elemente: Kupfer ged., Silber ged., Quecksilber ged., Schwefel ged.
Sulfide: Bornit, Argentit, Zinkblende, Kupferkies, Tetraedrit, Bleiglanz (inkl. Varietät Johnstonit), Zinnober, Nickelin, Millerit, Linneit, Antimonit, Pyrit, Coballit, Gersdorffit, Ullmannit, Skutterudit, Pyrargyrit, Bournonit, Stephanit
Oxide: Cuprit, Mennige (?), Quarz, Pyrolusit, Limonit
Carbonate: Calcit, Siderit, Dolomit, Cerussit, Azurit, Malachit
Sulfate: Baryt, Anglesit, Linarit
Phosphate, Arsenate: Pyromorphit, Bieberit, Erythrin, Annabergit, Morenosit

Ein Museum bietet die Möglichkeit zur Vertiefung und Rekapitulation des auf dem Altenberg Gesehenen und zum Rückblick auf die Bergbaugeschichte der Grube Stahlberg. Es ist untergebracht im alten Verlesehäuschen, wo im Obergeschoß Erinnerungsstücke des Stahlberges aufgestellt sind, während das Untergeschoß dem mittelalterlichen Altenberg gewidmet ist. Auf dem Vorplatz steht man vor dem Stollenmundloch der Grube. Daneben sind Geräte und typische Gesteinsarten aufgestellt.
Man kann nun in Dahlbruch nach Kreuztal abbiegen und nach Siegen zurückfahren. Auf der Strecke wird man wiederholt an die alte Tradition des Bergbaues erinnert: In Kredenbach zum Beispiel durch den von 1777 stammenden Stollen, in Buschhütten durch das 1452 hier schon bestehende Hammerwerk oder die 1489 datierte Loher Hütte.

Der landschaftlichen Reize wegen ist aber auch die Weiterfahrt nach Hilchenbach, eventuell mit Abstecher zur Breitenbach-Talsperre, zu empfehlen. Dort folgt man der kurven- und ausblickreichen Strecke in Richtung Erndtebrück, bis man in Lützel die B 62 erreicht. Im Süden ragt mächtig die prähistorisch bemerkenswerte Alteburg (633 m) empor, deren Gipfel zwei mächtige Ringwallanlagen aus der Zeit um 200 v. Chr. krönten. Sie hatten aller Wahrscheinlichkeit nach nicht nur strategische Bedeutung, sondern dürften auch kultureller Mittelpunkt des vorgeschichtlichen Siegerlandes gewesen sein. Der Berg fällt zu Netphe-Bach und Sieg hin steil ab. In Lützel führt die „Eisenstraße" zur **Siegquelle.** Der Fluß tritt auf der Sonnspitze zutage und fließt etwa 130 km bis zur Mündung bei Siegburg. Dieser Höhenzug erweist sich eindrucksvoll als Wasserscheide.

Nicht weit von hier haben auch Lahn und Eder ihre Quellgebiete. Anders als die Sieg wendet sich die Lahn zunächst ostwärts, ehe sie allmählich süd- und dann westwärts fließt, um in weitem Bogen den Westerwald umschreibend schließlich nach etwa 180 km doch noch den Rhein zu erreichen. Die Eder hingegen richtet ihren Lauf nordwärts und gelangt nach etwa 140 km in die Fulda. Damit gehört sie nicht wie Sieg und Lahn zum Einzugsbereich des Rheines, sondern zu dem der Weser.

Die „Eisenstraße", die hier verläuft, erinnert mit ihrem Namen daran, daß auf solchen alten Wegen schon seit Vorzeiten das Siegerländer Erz transportiert wurde. Das alte Straßennetz ergänzten „Kohlenstraßen", auf denen man die Holzkohle zur Eisenverhüttung aus den Wäldern heranführte. Hier in diesem waldreichen Gebiet folgen die asphaltierten Landstraßen gelegentlich noch den alten Trassen.

Nicht weit von der Siegquelle qualmen vor **Walpersdorf** noch heute Kohlenmeiler. Man kann dort Holzkohle unmittelbar beim Köhler erwerben.

Bergbaumuseum bei der ehemaligen Grube Stahlberg in Hilchenbach-Müsen mit dem einzigen im Siegerland erhaltenen Bethaus.

Bei Walpersdorf im nordöstlichen Siegerland rauchen noch die Kohlenmeiler. Was heute eher Liebhaberei ist, war einst wichtige Voraussetzung für die Erzverhüttung.

Man sollte über Deuz, wo vor etwa 150 Jahren die ersten Eisenwalzen gegossen wurden, nach Siegen zurückfahren. Auf dieser Route bekommt man einen Eindruck von der Ausdehnung jener Bergzüge, die als Wasserscheiden zwischen der Sieg einerseits und Lahn und Dill andererseits fungieren. Der Höhenzug der Haincher Höhe, auf dem die Landesgrenze zwischen Nordrhein-Westfalen und Hessen verläuft, markiert den Übergang von den Siegen- zu den Ems-Schichten, der sich stellenweise annähernd mit dem Verlauf der Grenze deckt.

Exkursion II: Südliches Siegerland

Von Siegen (s. auch S. 81) geht es über die B 62 nach **Eiserfeld.** Am Ortsende liegt links in einigem Abstand von der Straße der Reinhold-Forster-Erbstollen. „Das in sehr kräftigen und wuchtigen Formen errichtete Stollenmundloch dürfte zu den prächtigsten und aufwendigsten Kleinarchitekturen des deutschen Bergbaus zählen", urteilt Rainer SLOTTA vom Bergbau-Museum in Bochum. Der Namengeber war ostpreußischer Naturwissenschaftler, sozusagen ein Universalgenie, der – wie es bei der Einweihung hieß – „sich unsterblich gemacht und eben auch zur Beförderung der Mineralogie und Bergbaukunde vieles getan und geopfert hat". Die pylonartige Eingangsarchitektur trägt einen inschriftgeschmückten Fries, darüber einen Halbrundgiebel, den das Spruchband „Glück auf" ziert und in dessen Mitte eine wappenartige Kartusche mit Schlägel und Eisen zu sehen ist. Eine Tafel gibt weitere Erläuterungen.

Im nördlich gelegenen Stadtteil Gosenbach wurde einst die tiefste Eisenerzgrube Europas betrieben. Auf der Weiterfahrt siegabwärts kommt man an der **Niederschelder Hütte** oder Charlottenhütte vorbei, die zu den jungen Hüttenwerken des Siegerlandes zählt und erst 1863 gegründet worden ist. Früher bezog sie die Erze aus der benachbarten ehemaligen Grube Buntekuh oder aus anderen Siegerländer Gruben. Heute führt man Erze von auswärts, größtenteils aus dem Ausland, über die Siegtalbahn heran. Östlich der Sieg, die hier die Landesgrenze zwischen Nordrhein-Westfalen und Rheinland-Pfalz bildet, liegt das Hochofenwerk, an den Hochöfen und Winderhitzern kenntlich, sowie das alte Stahlwerk mit Gießerei. Eine riesige Schlackenhalde überragt die Anlage. Westlich der Sieg erstreckt sich das erst 1964/65 eröffnete neue Stahlwerk mit Walzwerk, das erhebliche wirtschaftliche Bedeutung für diesen Raum hat.

Man sollte den etwas abseits gelegenen Ort **Birken** ansteuern, von wo aus sich zwei lohnende Ausflüge zur Birkener und zur Hohen Ley anbieten. Man kann bis zum Waldrand fahren, muß aber für beide Ziele zuvor den jeweils richtigen Weg erfragen. Hat man ihn, sind die Ziele kaum zu verfehlen. Die Birkener Ley liegt nahe dem Westfuß der Schlackenhalde, die über Niederschelderhütte zu sehen ist. Die quarzitischen Felsen stehen im dichten Wald, aber man hat dennoch stellenweise eine gute Aussicht auf das Siegtal. Wir bewegen uns hier durchweg im Bereich der Unteren Siegener Schichten (Tonschiefer, z. T. bänderig, mit Sandsteinschichten), aus denen das härtere Gestein von der Erosion herauspräpariert wurde.

Ähnliches gilt von der Hohen Ley, die weniger als geologische Besonderheit, sondern als eindrucksvolles Naturgebilde als Ziel einer Wanderung empfohlen wird. Sie liegt auf der westlich von Birken aufsteigenden Anhöhe, der sie auch den Namen gibt. Mehrere voneinander getrennte bizarre Klippen machen sie noch imposanter als die Birker Ley.

Man braucht nicht mehr auf die Bundesstraße zurück, sondern kann auf der Nebenstraße diesseits der Sieg weiterfahren bis **Brachbach.** Dort wendet man sich gleich links und am Ortsrand (In den Karpathen) südöstlich zum Gelände der ehemaligen Grube Apfelbaum.

Der bei der Hohen Ley beginnende Quarzgangzug führt von hier an Eisenerz. Bei diesem Apfelbaumer Zug handelt es sich um einen anderthalb Kilometer langen Gang, der sich südlich des Siegener Schuppensattels in den Mudersbachschichten des Unteren Siegen erstreckt. Nebengestein sind Tonschiefer, plattiger Sandstein und Grauwackenbänke. Mineralogisch lieferte die Grube hauptsächlich Limonit, gelegentlich wurde Rhodochrosit (XX) gefunden.

Auf der Weiterfahrt muß man die Sieg überqueren, um sofort wieder ihr linkes Ufer zu gewinnen, wo die Straße nach Katzenbach abbiegt. Gleich in der Kurve hinter der Brücke führt ein Waldweg nach Süden, der an den Halden des Wernsberger Erbstol-

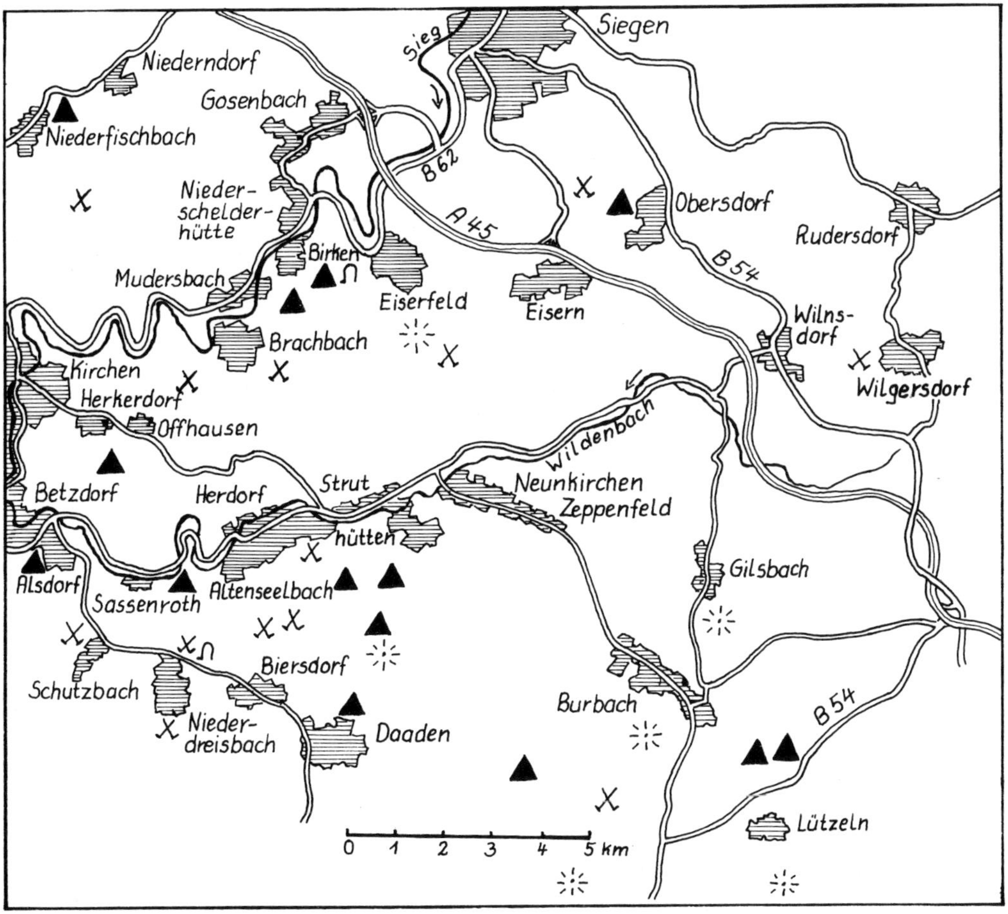

Orientierungsskizze zu Exkursion II

lens mündet. Einige von den Grubengebäuden und ein Stollenmundloch sind noch erhalten. Eine besondere Fazies der Unteren Siegener Schichten, die Wernsberger Schiefer, sind nach diesem Ort benannt. Man trifft das Material massenhaft auf den Halden. Der hier aufsetzende Gang lieferte Spateisenstein. Mineralogisches Interesse fanden der Limonit und gelegentlich vorkommender Rhodochrosit (XX).

Links: Eingang zum Reinhold-Forster-Erbstollen in Siegen-Eiserfeld, ein architektonisch besonders aufwendig gestaltetes Stollenmundloch; technisches Kulturdenkmal.

In Kirchen wendet man sich südwärts nach **Herkersdorf** oder Offhausen, um von ersterem Ort aus zu Fuß oder über Offhausen mit dem Fahrzeug den Druidenstein zu erreichen. Es handelt sich um einen lokalen tertiären Basaltdurchbruch, dessen Säulen eine Meilerstellung von ungewöhnlicher Schönheit haben! Leider ist dieses großartige Naturdenkmal durch ein abscheuliches Metallkreuz verunstaltet. Der 15 m hohe Kegel hat eine Basisfläche von 100 m².

Unten: Die Felsgebilde der Hohen Ley bei Mudersbach-Birken bestehen aus Gesteinen der Siegener Schichten, die durch Quarzit-Einlagerungen der Erosion stärkeren Widerstand leisteten. Naturdenkmal.

Von Herkersdorf fährt man durch das landschaftlich anmutige Imhäusertal nach **Alsdorf,** wo man einen Blick auf das Hüttenschulzenhaus werfen sollte, einer der repräsentativsten alten Fachwerkbauten im Siegerland. Mit diesem aus der volkstümlichen Bauweise entwickelten Fachwerk darf nicht das spätere Industriefachwerk verwechselt werden, das in seiner typisch sparsamen Bauweise in guten Beispielen immer wieder längs der Exkursionsrouten ins Auge fällt.

Die Steinbrüche, an denen man in Alsdorf vorbeikommt, erschließen die Betzdorfer Schichten des Unteren Siegen. Es sind vorwiegend Sandsteine, in deren Hangendem siltige, blaugraue Tonschiefer auftreten. Sie enthalten pflanzliche und tierische Fossilien. In Alsdorf könnte man nun, dem Wegweiser folgend, sofort in das Hellertal einbiegen und nach Herdorf fahren. Dann böte sich an, in Sassenroth das Fahrzeug zu verlassen und zu Fuß über den Fronstein („Martinsweg") zu wandern, der an der „Osterhasenhöhle" vorbeiführt, der „einzigen Naturhöhle des rechtsrheinischen Schiefergebirges", wie Einheimische irrtümlich annehmen. Die am Weg liegende Felsgruppe entdeckt man wegen des weißen Kreuzes schon vom Tal aus.

Wir empfehlen hier aber den Weg über das Daadetal, das man in Alsdorf bei den Bahnübergängen in scharfer Rechtskurve anstrebt. Die Karte verzeichnet etliche aufgelassene Gruben. Sie setzten auf dem Steinebach-Brachbacher Gangzug auf, der SSW-NNE-streichend, von Steinebach über Kausen und Sassenroth bis nördlich Brachbach zieht. Er enthält auch die Gänge des Apfelbaumer Zuges, die der Gruben nördlich von Herdorf und die der Westerwälder Gruben Käusersteimel und Bindweide.

Die Grube Grüne Aue in **Schutzbach** wurde dadurch bekannt, daß in ihrer quarzigen Gangmasse neben Spateisenstein und Eisenglanz Nickelerz wie Polydymit, Wismutnickelglanz und Millerit gefunden wurden. Geradezu Berühmtheit aber erlangten Kabinettstücke von Glanzkobalt. Der Stollen dient heute dem Wasserwerk Betzdorf als Wasserspeicher. Die Grube Ramberg in **Niederdreisbach** baute auf einem kupferführenden Quarzgang. Bereits BECHER (1789) pries die „Krystalle" von Kupferkies, die sich auch in „auswärtigen" Kabinetten fänden. Nach kurzer Zeit erreicht man die Halde und das Stollenmundloch der ehemaligen Grube Füsseberg in **Biersdorf,** die gemeinsam mit den berühmten Herdorfer Gruben auf dem Florz-Füsseberger Gangzug aufsetzt. Die hier einst gefundenen Kupferkiese (XX) haben eine fast unerreichte Qualität, die jenen der Grube Georg bei Willroth (vgl. S. 148) entspricht. Außerdem sind gute Quarze (XX) bekannt. Wie überall im Siegerland werden die Halden „rekultiviert" und gehen damit allmählich dem Sammler verloren.

Am Brunnenplatz in Biersdorf hat man dem Bergbau ein Denkmal errichtet. Die Seilscheibe und die beiden Loren stammen von der Grube Lüderich im Bensberger Erzrevier (Bergisches Land). Informativer ist ein Besuch des Heimatmuseums in **Daaden** (S. 159). Dort kann man über eine Nebenstraße wieder zurück zum Hellertal und direkt nach **Herdorf** gelangen.

Die meisten der ehemaligen Gruben setzen auf dem Florz-Füsseberger Gangzug auf, den auch die Gruben in Biersdorf abgebaut haben. Er zieht mit NNE-Streichen vom Rande des tertiären Westerwaldes bis an den Siegener Schuppensattel. Nördlich der Heller splittert er sich auf, bildet aber auch noch für die ehemaligen Gruben Pfannenberger Einigkeit und Eisenhardter Tiefbau die Grundlage. Als Nebengestein der Gangmittel ist nur Oberes Siegen festgestellt worden. Die Gangausfüllung besteht aus Siderit (Spateisenstein), die Gangart aus Quarz.

Eine geologische Besonderheit der Grube Wolf ist der außergewöhnlich tiefreichende „Eiserne Hut". Hier haben die nahen Eruptionszentren des tertiären Vulkanismus das Gestein aufgeheizt und die Oxidation und Umwandlung zu Brauneisenstein begünstigt.

Nur die Schlackenhalde der Friedrichshütte erinnert noch an die Zeit, als Herdorf ein Bergbau- und Hüttenzentrum war. Die Bemühungen des Westerwald-Vereins und anderer Heimatvereine, wenigstens den Förderturm der Grube Wolf als Wahrzeichen zu erhalten, sind leider gescheitert. Damit sind die konkreten Erinnerungen an einen regen Bergbau, der allein um Herdorf über 300 Schürfstellen,

Schächte und Gruben betrieben haben soll, recht kümmerlich. Nur das kleine Ortsmuseum (S. 159) hütet gewissenhaft das Andenken.

Nördlich von Herdorf gab es Gruben, die nicht mehr auf dem Florz-Füsseberger Gangzug standen, wie etwa Hollertzug, Königsstollen und Bollnbach. Die auf dem genannten Gangzug betriebenen Gruben haben ähnlich wie Wolf mineralogisch große Bedeutung gehabt.

In der Bollnbach steht noch das sogenannte Maschinenhaus, in dem die Fördermaschine die zum Förderturm laufenden Stahltrossen antrieb. Seit etwa sechs Jahrzehnten dient der Bau als Wohnhaus. Man behauptet, daß hier vor 200 Jahren erstmals im Siegerland der Stollenbau systematisch betrieben wurde. Sicher sind aber in dieser Grube als einer der ersten beim Schachtbau Dampfmaschinen benutzt worden. Es gibt Bestrebungen, beim Knappenverein einen Lehrstollen einzurichten.

Das Gelände der früheren Grube Friedrich-Wilhelm erreicht man als erstes, wenn man von Biersdorf her kommt. Es liegt links am Wald über dem Sottersbachtal. Die hier gefundenen Kupferkiese (XX) dürften beinahe die Qualität jener der Grube Füsseberg erreicht haben.

Gegenüber sieht man das immer noch imposante Gebäude der einstigen Grube San Fernando, zu der man unten im Tal nach rechts abbiegt. Hier wurden XX von Siderit und Kupferkies gefunden; bemerkenswert sind ferner Bleiglanz, Pyromorphit, Cerussit und Anglesit. Auch hier erobert der Wald zunehmend die alten Halden; die Fundmöglichkeiten werden immer geringer.

Man folgt dem Sträßchen weiter nach Herdorf, das durch die Mineralienfunde in seinen Gruben weltberühmt wurde. Vor allem der erlesene Rhodochrosit (XX) (Mangan- und Himbeerspat) von der Grube Wolf hat wesentlich dazu beigetragen. Das Gelände dieser Grube erreicht man, wenn man in Richtung Struthütten weiterfährt und den Weg zur Malscheid nimmt. Etwas außerhalb sieht man links die Gebäude. Außer Rhodochrosit lieferte Wolf auch gediegen Kupfer in hervorragender Qualität sowie braunen Glaskopf und zeitweise Millerit (XX).

In Herdorf und Struthütten kann man da, wo zwischen bebautem Gelände freie Stellen sind, gelegentlich in Hanganschnitten am Seelenberg und am Altenberg (östlich des Kunster Tales) einen Eindruck von den Oberen oder (am Seelenberg) Mittleren Siegener Schichten gewinnen. Letztere sind durchweg flaserige Gesteinspartien. Die jüngeren Schichten erscheinen als mehr oder minder siltige Tonschiefer. Die Ober-Siegen-Schichten sind international auch als Herdorf-Schichten bekannt.

Vor uns liegt das Massiv der Malscheid, deren Basaltaufbruch an eine Gesteinsspalte gebunden war, die auch die Entstehung eines isolierten Mineralganges zur Folge hatte. Die darauf aufsetzende Grube Alte Malscheid weckte jüngst übertriebene Sammlerhoffnungen, als in der Presse von angeblich guten Fundmöglichkeiten für Azurit, Malachit und Bergkristall die Rede war. Wer trotzdem nachsuchen möchte, lasse sich von Einheimischen die „Blaue Heide" der schon viele Jahrzehnte stillgelegten Grube zeigen. Der Name spielt auf den bläulichen Schimmer des Gesteins an, der auf Kobalt und Malachit zurückzuführen ist.

Wir fahren zurück nach Herdorf und dann weiter nach **Struthütten,** wo ein bequemer Fahrweg zur Malscheid und zum Hohenseelbachskopf führt. Etwa 800 m nach Eintritt in den Wald biegt nach rechts ein Waldweg ab, der zum aufgelassenen Steinbruch führt. Ein Blick auf die Bruchwände zeigt, daß es sich um Basalt handelt und sich somit der tertiäre Westerwald in seinen Ausläufern ankündigt. Mineralogisch wurde die Malscheid durch den kugelförmigen Aragonit bekannt, der in Höhlungen des Basaltes relativ häufig angetroffen wurde. Nach Einstellen des Abbaues sind die Fundmöglichkeiten gering. Wegen der Unvernunft vieler Besucher besteht sogar die Gefahr, daß das Gelände verfüllt wird. Seine Offenhaltung läge allerdings im Interesse des Naturschutzes.

Das Hüttenschulzenhaus in Alsdorf bei Betzdorf ist mit seinem Laubenvorbau eines der eindrucksvollsten alten Bauwerke des Siegerlandes.

Anfang der siebziger Jahre weckte die Malscheid noch aus anderen Gründen das Interesse der Naturfreunde. Beim Abteufen einer neuen Abraumsohle stieß man bei 60 bis 70 m auf eine Tonschicht, in die versteinertes Holz eingeschlossen war. Die Funde ermöglichten eine Rekonstruktion der tertiären Flußgeschichte des Siegerlandes, als die Sieg mit ihren Nebenflüssen noch kein eigenes Tal besaß, sondern die Oberflächenwässer aus dem Siegerland zur Lahn hin flossen. Die träg fließenden Gewässer bildeten Sandbänke und Seen unterschiedlicher Ausdehnung, in denen reiche Sedimentation stattfand. Der nachfolgende Magmatismus schuf die tertiären Anhöhen des Westerwaldes und damit eine Wasserscheide für die spätere Sieg.

Der Basalt der Malscheid zeigt keine nennenswerte Säulenbildung. Man schließt daraus, daß hier eine trogartige, wassergefüllte Mulde bestand, in welche sich die Lava ergossen hat. Mit der Lava sind heiße kieselsäurehaltige Lösungen emporgestiegen, denen zum Teil die Erhaltung der fossilen Hölzer zu verdanken ist.

Zur Fahrstraße zurückgekehrt, fährt man weiter zum Hohenseelbachskopf, wo man bei ähnlicher Entstehungsgeschichte nun säulenförmigen Basalt antrifft. Der einst imposante und landschaftsprägende Bergkegel ist fast ganz dem Gesteinsabbau zum Opfer gefallen. Der südwestlich weiterführende Wanderweg (Markierungen D 2 und 5) erreicht nach knapp 2 km die Hüllbuche, nach der eine Schichtenfolge innerhalb des Siegen benannt ist.

Auf dem Weg nach Neunkirchen geht es im Hellertal rechts ab nach Altenseelbach. Auf dem Gelände der früheren Grube Große Burg hat man dem Siegerländer Erzbergbau mit Schwungrad, zwei Grubenhunten und Basaltsäulen ein geschmackvolles Denkmal gesetzt. Der von hier zum Hohenseelbachskopf ansteigende Weg berührt einige früher

Die Halden der stillgelegten Grube Peterszeche im Buchhellertal bei Burbach lohnen durchaus noch immer eine Begehung. Das landschaftlich reizvolle Tal ist auch biologisch von Interesse und verdient eine Unterschutzstellung.

gut aufgeschlossene, fossilreiche Sandbänke der Mittleren Herdorfer Schichten. Sie sind in der Literatur genau beschrieben (GRABERT, 1980). Im Wald kann man noch Belegstücke auflesen. An Fossilien sind *Encrinaster schmidti* und *Rhenorensselaeria strigiceps* zu nennen.
Je nach Zeiteinteilung oder Interessenlage kann man nun über Neunkirchen und Salchendorf nach Eiserfeld und Siegen zurückfahren. Man kommt am Gelände der alten Grube Pfannenberger Einigkeit vorbei, die Siderit (XX) und Kupferkies (XX), früher gelegentlich auch Millerit (XX) geliefert hat. Auch hier sind heute die Fundmöglichkeiten nur noch gering. Den Aussichtsturm auf dem Pfannenberg sollte man bei entsprechendem Wetter der guten Rundsicht wegen unbedingt besteigen.

Variante:

Man kann die Exkursion aber auch durch den Freien Grund führen und in Salchendorf über Zeppenfeld weiter helleraufwärts bis **Burbach** fahren. Hier biegt man rechts ab in das Buchhellertal, das man eigentlich erwandern sollte (Markierung: 6). Nach knapp 3 km erreicht man die ausgedehnten Halden der Peterszeche, wo Kobaltnickelkies gewonnen wurde. Bis zur Erfindung der künstlichen Herstellung des Ultramarins spielte der Kobaltbergbau des Siegerlandes eine große Rolle. Zwischen Gosenbach und Salchendorf kennt man etliche kleine Kobaltvorkommen, die sich quer über den Siegerländer Schuppensattel hinziehen. Die Halden sind für den Sammler Siegerländer Gesteine eine bequeme Fundstelle.
Vor der Peterszeche führt ein markierter Wanderweg (D 5) in südwestlicher Richtung steil bergan. Auf der Kammhöhe folgt man dem Weg nordwestlich (Richtung Hohenseelbachskopf) bis zu den Trödelsteinen. Frühere Abbauversuche haben den einstigen Zustand dieser kleinen Basaltkuppe in Fortsetzung von Malscheid und Hohenseelbachskopf verändert. Dennoch ist das inzwischen geschützte Blockmeer von Feldspatbasalt recht eindrucksvoll.
Die Landschaft um Burbach ist im Übergang vom Siegerland zum Westerwald geologisch recht interessant. So passiert man auf dem Rückweg von den Trödelsteinen Quarzitbrüche, die auf der Lipper Nürr (616 m) eröffnet wurden. Burbach ist geradezu von einer Kette von Anhöhen umgeben, die aus Emsquarzit oder Unter-Ems-Schichten aufgebaut werden und damit schon nicht mehr im Bereich der Siegener Schichten liegen. Diese sind erst am Nordhang des Gilsbachtales wieder am Aufbau der Landschaft beteiligt. Zu den Anhöhen aus Emsquarzit gehört die südlich von Burbach aufragende Burg (der Name weist auf eine frühgeschichtliche Besiedlung hin), dann im Norden von Burbach Simrich und Simberg sowie im Südosten der langgestreckte Hö-

Der Große Stein auf der „Höh" bei Burbach-Holzhausen ist eine Kuppe aus Basaltblöcken. Hier verlaufen die Landesgrenzen zwischen Nordrhein-Westfalen und Rheinland-Pfalz sowie die geographische Grenze zwischen Siegerland und Dill-Tal. Naturschutzgebiet.

henzug Die Höh, die zugleich die Wasserscheide zwischen Sieg und Lahn bildet.
Auf Der Höh ist es zu lokaler Basaltförderung während des Tertiär gekommen. Großer und Kleiner Stein stehen heute unter Naturschutz. Die Kuppe des Großen Steins mit ihren zum Teil mächtigen Basaltblöcken ist besonders eindrucksvoll. Verweilt man länger in Burbach, sollte man den Aufstieg nicht versäumen.
Jenseits Der Höh öffnet sich südlich von Lützeln der basaltische Westerwald im wahrsten Sinne des Wortes. Große Steinbrüche erschließen sogar den Sohlbasalt, der unmittelbar dem Grundgebirge aufliegt. Untermiozäne Tone der Braunkohlenstufe bilden – so bei der Anhöhe Auf dem Kreuz (586 m) – eine Zwischenlage zum Dachbasalt. „Eiszeitliche“ (pleistozäne) Verwitterung hat am Nordrand die Basaltdecke zu einem Blockstrom aufgelöst, wie er auch an der Lipper Höhe zu sehen ist.
Von Burbach fährt man über Gilsbach, das für eine Ausbildungsform eines Unter-Ems-Quarzitzuges namengebend ist, weiter nach **Wilnsdorf,** einem alten Bergwerksort. Am Fuß der Kalteiche legen Haldenreste der Grube Ratzenscheid, jetzt Rotscheid, Zeugnis vom mittelalterlichen Bergbau (12. Jh.) ab. Empfehlenswert ist eine Besichtigung der Sammlung Jung (S. 160); nur bei Voranmeldung.
Kurz vor **Wilgersdorf** erstreckt sich rechts das Haldengelände der einstigen Grube Neue Hoffnung, das aus botanischen Gründen unter Naturschutz steht! Auf diesen Umstand ist unbedingt Rücksicht zu nehmen! Das Haldenmaterial besteht aus Tonschiefern, quarzitischen Grauwacken und Sandstein, dazwischen Bleiglanz, Zinkblende, Kupferkies, Spat- und Brauneisenstein.
Den Rückweg nach Siegen nimmt man über **Eisern,** von wo man die Nebenstraße über Leimbach benutzt. Etwa 1,5 km in Richtung Eisern geht es rechts ab zum Gelände der ehemaligen Grube Ameise, auf der in XX Siderit, Millerit, Bleiglanz, Zinkblende und Lepidokrokit (Rubinglimmer) gefunden werden konnte. Südöstlich ist im Wald ein vorgeschichtlicher Schmelzofen (Eisenzeit) wiederhergestellt und mit einem Schutzdach versehen worden. Der Platz zeigt in geradezu idealer Weise die Arbeitsbedingungen und -weisen der alten Bergleute. Man kann diese Stätte auch von Obersdorf aus erreichen, wo man das Fahrzeug beim Sportplatz abstellt.

Exkursion III: Westliches Siegerland

Reist man über die A 45 ins Siegerland, so sollte man für diese Exkursion die Abfahrt Freudenberg wählen. Nachdem man dem überaus schmucken Ort mit seinen zahlreichen Fachwerkbauten die gebührende Aufmerksamkeit geschenkt hat, folgt man der Straße in Richtung Kirchen. Man achte auf die Abfahrt, die links nach **Niederndorf** weist. Vor dem Ort überquert man auf der Brücke den Fischbach und fährt auf dessen anderer Seite wieder ein Stück zurück. An der scharfen Straßenkurve zwischen Fischbach und Asdorfer Bach liegt ein Steinbruch, in dem man die Herdorfer Schichten (Ober-Siegen) kennenlernen kann. Die von Grabert (1980) genau beschriebene Stelle führt in den Flaserschiefern eine Fauna aus Korallen *(Pleurodictyum),* Brachiopoden *(Stropheodonta, Uncinulus)* und Tentakuliten.
Vor uns liegt das bewaldete Massiv des Giebelwaldes. Zwischen **Niederfischbach** und Freusburg sowie Winnersbach und Niederschelden liegen Gangzüge, die den Nordrand der Siegerländer Eisensteinpro-

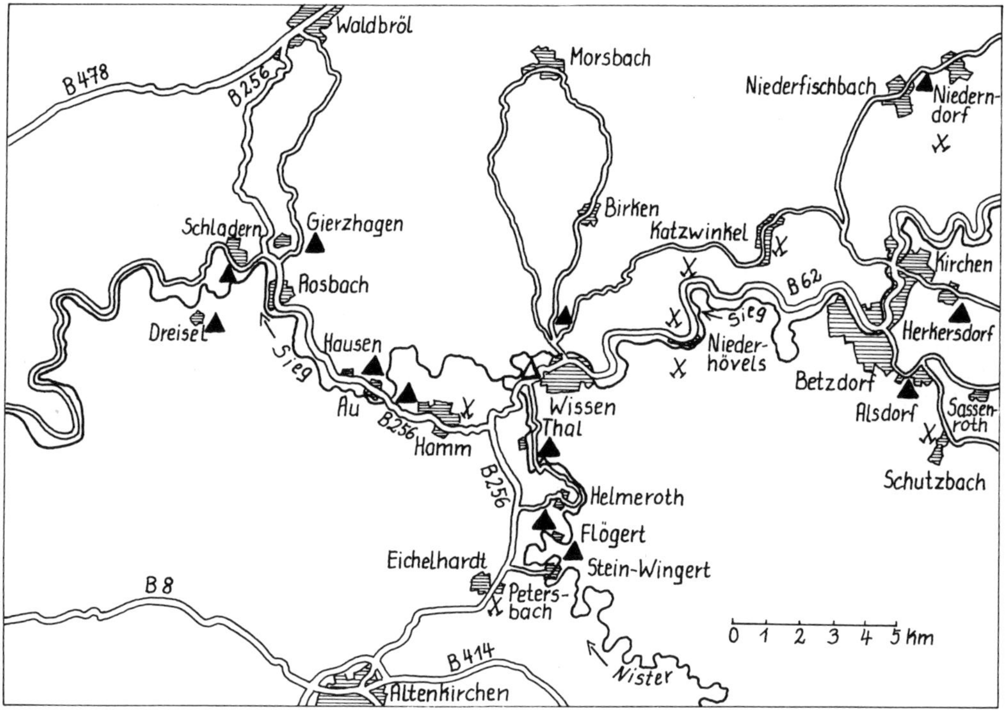

Orientierungsskizze zu Exkursion III

vinz bilden. Diese Randlage erklärt, weshalb hier im Fischbacher Ganggebiet neben den Eisenerzen auch Buntmetalle stärker in Erscheinung treten. Eine Reihe Gruben setzte im und am Giebelwald auf diesen Gangvorkommen auf. Mitunter sind noch ausgedehnte Haldenfelder vorhanden, die ein Studium des Gesteins gestatten. Landschaftlich schön gelegen sind beispielsweise die Halden Fischbacherwerk, die man vom Niederfischbacher Tierpark aus auf dem ostwärts tief in den Giebelwald führenden Weg erreicht. Von nennenswerten Mineralienfunden ist hier allerdings nichts bekannt. Der markierte Wanderweg „Plettenberg – Siegen" (X 11), den man beim Weiterwandern auf dem Fahrweg zur Höhe erreicht, führt nahe an den Resten latènezeitlicher Schmelzöfen vorbei.

Stropheodonta sedgwicki

In Wehbach angekommen, fährt man nicht mehr bis Kirchen weiter, sondern biegt rechts ab auf die Straße nach **Katzwinkel.** Die früher hier betriebene Grube Vereinigung baute auf einem Gangvorkommen, dessen Untersuchung eine interessante Spezialfaltung zwischen dem Wissener und Wehbacher Sattel erschloß, in dem auch die sogenannten Hakenbildungen beobachtet werden konnten. Näheres muß der Spezialliteratur entnommen werden. Mineraliensammler sollen auf den Halden noch immer fündig werden können.

Man fährt nun unmittelbar zur Siegtalstraße (B 62) hinab und folgt ihr in Richtung Wissen. Unterwegs passiert man das Gelände der ehemaligen Grube Wingertshardt und gelangt schließlich nach **Niederhövels.** Einige Bergmannshäuschen unmittelbar an der Straße erinnern an alte Zeiten. Leider konnten sich die Verantwortlichen nicht entschließen, den Gebäuden Denkmalswert zuzuerkennen und sie zu pflegen.

Das Gelände der alten Grube Eupel ist inzwischen stark verändert, so daß es der Findigkeit und dem Glück des Sammlers überlassen werden muß, ob er in diesem Bereich noch Erfolg haben wird. Die Grube lieferte XX von Siderit, Kupferkies und Quarz, besonders auch guten Dolomit (XX). Sie baute auf dem SSW/NNE streichenden und anderthalb Kilometer langen Gangzug Petersbach – Eupel – Wingertshardt, der von Eichelhardt bei Altenkirchen bis fast nach Wehbach reicht. Die Auffüllungsmasse besteht bei Eupel aus Spateisenstein mit eingesprengtem Kupferkies, stellenweise auch Brauneisenstein (nur bis 25 m Teufe) und Bleiglanz. Zuletzt bestand untertage eine Verbindung mit der Grube Rasselkaute, deren Gelände südlich der Sieg in einem Tälchen liegt. Wir verzichten auf einen Besuch derselben, wenden uns hinter dem Bahndamm gleich links, überschreiten den Sportplatz und stehen unmittelbar vor einer sehr eindrucksvollen Gesteinsbildung des Wissener Sattels (Mittleres Siegen). Die Flaserschiefer sind regelrecht in Zickzackfalten gelegt.

In **Wissen** besteht an mehreren Stellen die Möglichkeit, den Faltenwurf oder die Verstellung der ursprünglich horizontalen devonischen Schichten zu beobachten. Man biegt am Bahnhof und dann nach Überfahren der Siegbrücke gleich rechts ab in Richtung Katzwinkel. Hinter dem Ortsteil Brückhöfe beschreibt die Straße eine Steilkurve um mächtige Grauwackenbänke, die schräggestellt sind und zum Teil auf der Oberfläche Rippelmarken aufweisen. Es handelt sich um Oberes Siegen.

Man fährt zurück durch Wissen in Richtung Altenkirchen und bemerkt am Ortsrand ein mächtiges Schwungrad mit Grubenhunten und Lok. Bald dahinter biegt man links ab ins Nistertal. Hinter Weidacker bei der Brücke nach **Thal** ist der Wissener Sattel gut aufgeschlossen. Steil fallen die Schiefer- und Grauwackenbänke nach Nordwesten ein.

Man folgt dem Fluß bis **Flögert,** wo man das Fahrzeug verläßt. Weiter flußaufwärts bilden Felsen ein fast unzugängliches Steilufer. Es sind Sandsteine des Mittleren Siegen, die sich innerhalb einer südlicheren Spezialfaltung, dem Wehbacher Sattel, befinden. Diese tektonische Struktur begleitet den Siegerländer Schuppensattel an dessen Nordflanke. Das Gestein des Mittleren Siegen läßt sich in mehrere Untereinheiten und Fazies einteilen, worauf hier nicht näher eingegangen werden kann (vgl. GRABERT, 1980).

Im Rückblick auf den Weg von Wissen bis hierher sei aber daran erinnert, daß zwei Sattelzonen (Wissener und Wehbacher Sattel) und eine dazwischenliegende Muldenzone durchquert wurden. Die Sattelzonen entsprechen hier der Verbreitung des Mittleren Siegen. In ihrem Kernbereich wurden aber auch ältere Schichten nach oben geführt, die sich von den jüngeren durch stärkere Flaserschichtung und reichere

Schizophoria striatula

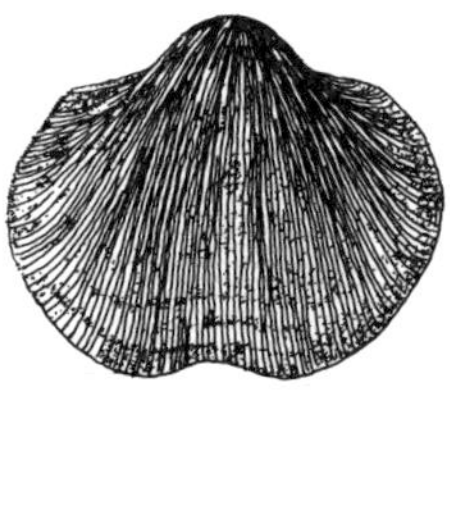

Mächtige Grauwacken-Bänke der Siegener Schichten türmen sich an der Straße vom Wissener Stadtteil Brückhöfe nach Mühlenthal. Gegenüber am Brölbach erkennt man Gebäudereste der Alten Hütte.

Fossilvorkommen unterscheiden. Die Mulde zwischen den Sätteln dagegen besteht aus Oberem Siegen (vgl. FENCHEL, 1971). Die Fauna ist reichhaltig. Neben dem Siegener Leitfossil *Acrospirifer primaevus* (s. Seite 25) kommen häufig *Avicula longiolata, Schizophoria provulvaria, Athyris avirostris* und Vertreter der Gattung *Stropheodonta* vor.
Fühlt man sich durch die reizvolle Landschaft zu einer Wanderung angeregt, so sei als Ziel **Stein-Wingert** empfohlen. Dort ist an der Burghardt noch einmal der Wehbacher Sattel aufgeschlossen. Auf dem Felsen sind Reste eines vorgeschichtlichen Ringwalles erkennbar.
Von Flögert fährt man zur Helmerother Höhe und zur B 256, die in Roth links abbiegt. Würde man der Bundesstraße in Richtung Altenkirchen folgen, so käme man bald bei **Eichelhardt** an das Gelände der ehemaligen Grube Petersbach, auf der man Ullmannit und Gersdorffit in guter Ausbildung gefunden hat. Eine Nachsuche lohnt heute aber nicht mehr.
Am Ortseingang von **Hamm** geht es links ab zum Gelände der alten Grube Huth, die am Westabbruch des Wissener Sattels liegt und auf dem Marienthal-Bitzener Gangzug aufsetzt. Schöner Brauneisenstein in Sammlerqualität konnte hier bis zuletzt aufgelesen werden.
Kurvenreich führt hinter Hamm die Straße zur Sieg hinab in Richtung Au. Vor einer dieser Kurven ist rechts unmittelbar an der Straße eine Grauwackenbank mit außergewöhnlich gut ausgeprägten Rippelmarken zu sehen.
Zwischen **Au** und Hausen treten Odenspieler Grauwacken, in die Schiefer in wechselnden Lagen eingeschaltet sind, als 3 m hohe Felswand bis an die B 256 heran. Diese Schichtenfolge, nach einem Fundpunkt

Unterdevonische Rippelmarken zwischen Hamm und Au/Sieg; Naturdenkmal.

im Bergischen Land benannt, wird den Siegener Schichten zugeteilt, doch diskutiert man neuerdings auch ein Ems-Alter.
Große Felder mit Rippelmarken unterschiedlicher Ausprägung lassen sich im Gierzhagener Steinbruch besichtigen. Dazu verläßt man nach **Rosbach** in Poche die Hauptstraße, hält sich aber ganz rechts und folgt nicht etwa der Straße nach Gierzhagen aufwärts. Nach gut 1 km erreicht man den Grauwakkenbruch, wo man die Werksleitung um Besichtigungserlaubnis bittet.
Hinter Au beginnt die Sieg, die ohnehin ständig ihre Laufrichtung ändert, einen riesigen Bogen zu beschreiben, der bis 5 km von der Hauptlaufrichtung abweicht, die erst bei Stromberg wieder erreicht wird. Der Flußbogen, dessen Sehne über 6 km mißt, ist selber wieder durch acht Talmäander und deren Umlaufberge gegliedert. Diese Häufung auf so engem Raum hat geradezu Lehrbuchcharakter! Man hat auf dieser Strecke die Flußgeschichte der Sieg sehr genau rekonstruieren können. Die Verlagerung und Durchbrechung der Flußschlingen ist nämlich nicht gleichzeitig erfolgt, so daß die Geländeausprägung und die vom Fluß verursachten Ablagerungen wechselnden Charakter haben.
Hinter **Schladern** bemerkt man unterhalb der Straße ein strömungsloses Altwasser. Es handelt sich um eine Flußschlinge, die erst 1857/59 beim Bau der Eisenbahn durch Sprengungen abgeschnitten wurde. Beim Ortsteil Stein hat sich so ein Wasserfall gebildet. Im dortigen Werksgelände, das man nur mit besonderer Erlaubnis betreten darf, befindet sich der einzige natürliche Wasserfall der Sieg. Was hier – geologisch gesehen – beinahe noch „Gegenwart" ist, hat südlich von **Dreisel** in der Ortslage Dattenfeld längst seinen Abschluß gefunden. Dort ist der ursprüngliche Lauf der Sieg, die bei Dreisel eine Schleife nach Süden und in Dattenfeld nach Osten beschrieben hat, nur noch am Geländerelief erkennbar. Auch die feuchten Wiesenstellen bei Dreisel und Helpenstell lassen noch das alte Flußbett erahnen, das sich um den Umlaufberg zieht. An unbewaldeten Stellen kann das geübte Auge auch recht gut die einzelnen Flußterrassen unterscheiden, die der Fluß bei gleichzeitiger Hebung des Untergrundes allmählich in diesen hineinschürfte. Die Bahnlinie hat bei Dattenfeld dessen Tonschiefer und Grauwacken tief aufgeschlossen.
Für die Weiterreise nach Bonn oder Köln sollte man trotz kurvenreicher Strecke der Sieg folgen. Unterhalb Eitorf gelangt man zum klassischen Fundpunkt Unkelmühle (vgl. S. 17, 25). Die drei Bergkuppen im Stadtgebiet von Siegburg sind letzte Zeugen des Tertiärvulkanismus am Niederrhein. Das Mündungsgebiet der Sieg gewährt abschließend noch einmal einen Eindruck, wie der Fluß sein Bett gestaltet hat.

Rechts: Siegtal bei Wissen. Im Hintergrund Hof Auen.

Exkursion IV: Südwestliche Dill-Mulde und südwestliche Hörre

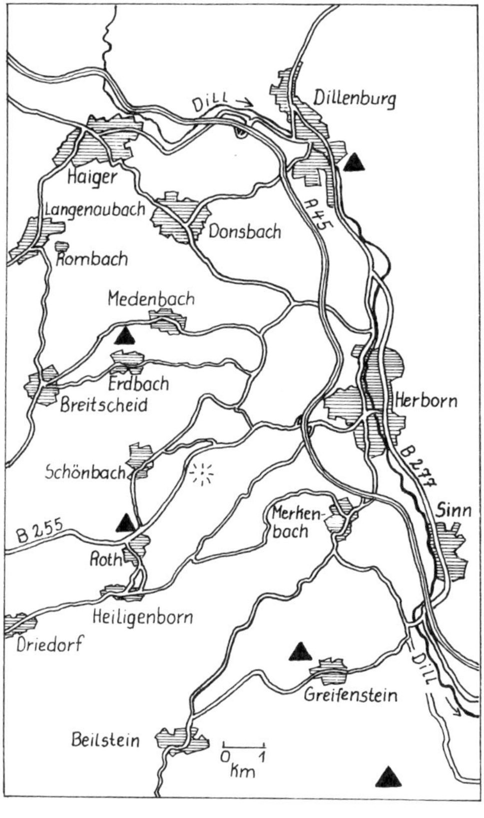

Orientierungsskizze zu Exkursion IV

Die Exkursion führt in das geologisch vielfältigste Gebiet unseres Raumes. Man verläßt die A 45 auf den Abfahrten Haiger/Burbach oder Dillenburg. In **Haiger** wendet man sich ostwärts und überquert die Dill in Richtung Haiger-Hütte, wo man das Fahrzeug abstellt. Am Waldrand schneidet der Weg den Hang des Schlierberges an. Die dort anstehenden Kieselgallen-Schiefer haben sich als überaus fossilreich erwiesen, so daß diese Stätte seit Jahrzehnten als geradezu klassischer Fundpunkt für unterdevonische Fossilien gilt, der unter dem Namen „Haiger-Papiermühle" bekannt ist. Ehe man zur Nachsuche schreitet, sollte man sich die geologische Situation entlang des Weges klarmachen, da sie ein erstes Einlesen in die Gesteinsfolgen der Dill-Mulde ermöglicht.

Kommt man über die Dillbrücke von Haiger her, so hat man halblinks den Hauberg vor sich, der aus unterdevonischen Flaser-Schiefern aufgebaut ist. Die Straße selber mündet in ein Gelände, das aus anders gearteten Schiefern besteht. In ihnen fallen feste und meist knollige Verhärtungen auf, sogenannte Gallen. Ihre chemische Zusammensetzung wechselt, so daß auch hier wieder Unterscheidungen zu treffen sind. Anfangs, bis etwa zur Abzweigung des Weges in Richtung Manderbach, handelt es sich bei dem anstehenden Gestein um Eisengallen-Schiefer, erst dann folgen Kieselgallen-Schiefer.

Schon ungefähr einhundert Meter nach Passieren des obengenannten Fundpunktes erfolgt der Übergang vom Unter- zum Mittel-Devon. Es sind Wissenbacher Schiefer, die in mehreren Steinbrüchen längs des Weges abgebaut wurden. Viel Abraum lag früher zur Dill hin auf einer offenen Halde. Diese Schiefervorkommen sind gleichfalls sehr fossilreich und ergänzen die vorgenannte Fundstätte um mitteldevonisches Material. Man findet hier vor allem Brachiopoden und Crinoiden-Stielglieder, aber auch

Korallen *(Pleurodictyum problematicum)*, gelegentlich Trilobiten. Mitunter fällt das fossile Material derart reich an, daß Fachleute vom „einzigen überhaupt bekannten Massenfundpunkt" (Solle, 1953) für diese Tiergruppen sprechen konnten.
Eine schmale Diabas-Einschaltung ist am Weg kaum zu registrieren, umso besser der anschließende Eifel-Quarzit, aus dem auch der Gipfel des Schlierberges besteht. In Eifel-Schiefern setzt sich dann das Devon längs des Weges fort.
Die Wissenbacher Schiefer sind in Sammlerkreisen meist dadurch bekannt, daß ihre Fossilien oft pyritisiert, das heißt in Schwefelkies umgesetzt sind und goldähnlich glänzen. Doch ist das keineswegs immer der Fall, weswegen gerade für diese Fundstelle vor falschen Erwartungen gewarnt werden muß. Unter den Fossilien sind die gekammerten Gehäuse des Geradhorns *(Orthoceras)* häufig vertreten, so daß man gerne von Orthoceras-Schiefern spricht. Diese ausgestorbene Tiergruppe ist mit den heutigen Tintenschnecken (fälschlich Tintenfische) verwandt.
Am Fußweg von Haiger nach **Langenaubach** sollen die inzwischen erlangten Kenntnisse vertieft werden. Man beginnt den Spaziergang in der Nähe des Haigerer Friedhofes und benutzt nach den letzten Häusern den Fußweg südlich des Aubaches unterhalb des Budenberges. Gleich links am Steilhang treffen wir auf die schon bekannten Wissenbacher Schiefer, die hier aber offensichtlich fossilleer sind.
Unweit der Farbmühle blicken wir links wieder in einen ehemaligen Steinbruch, in dem man gut erkennen kann, wie die ursprünglich waagerechten Schichten verstellt wurden und nun von links oben nach rechts unten einfallen. Die Sandsteine und Schiefer sind jünger als die Wissenbacher Schiefer, gehören aber auch in die Eifel-Stufe. Etwa 150 m weiter stehen noch einmal solche Gesteine an, die paketweise übereinandergeschoben erscheinen.
Kurz darauf erreichen wir endlich einen Aufschluß, der im wahrsten Sinne des Wortes aufschlußreich ist! Hier scheinen die Gesteinsschichten rechtwinklig gegeneinander gerichtet zu sein. Bei näherem Zusehen entpuppen sie sich aber als ein Gang von Diabas, der ursprünglich als glutflüssige Masse aus der Tiefe emporgestiegen ist und sich zwischen Schiefer und Sandstein zwängte. Der Geologe spricht von einer Diabas-Intrusion. Dieselbe wurde nun rechtwinklig zur Erstarrungsfläche zerklüftet, während durch sie andererseits auch der Schiefer geschwärzt und gehärtet wurde. Eine derartige Veränderung von Gestein durch glühende Schmelzen nennt man eine Kontakt-Metamorphose.
Nachdem wir das einmündende Lehmbachtal durchquert haben, treffen wir endlich auf eine weitere Gesteinsvariante des mitteldevonischen, untermeerischen Vulkanismus. Eingebettet in mäch-

Orthoceras scalare, **ein typischer Vertreter der Geradhörner, einer primitiven Weichtiergruppe, wie sie im Raum Haiger unschwer zu finden sind.**

Rotschiefer der Buchenauer Schichten, 21 cm, ehem. Gr. Constanze in Langenaubach.

tige Schichten vulkanischen Tuffes, entdecken wir die schon erwähnten „Bomben“ oder doch die kugeligen Höhlungen, die von herausgelösten „Bomben“ im weicheren Schalstein hinterlassen worden sind. Zum Teil ist der Bomben-Schalstein mit Kalkspat-Körnern durchsetzt.
Gegen Ende des Weges zeigt ein Aufschluß den Schalstein teilweise mit einer rötlichen Verfärbung. Er kündet als „Liegendes“ die Nähe des Eisensteins der schon erwähnten Grenzlager an.
Ein Abstecher zum kleinen Rombachtal in das Gelände der ehemaligen Grube Constanze soll die bisherige Mühe belohnen. Hier ist nämlich entlang des Weges geradezu eine „Menükarte ausgesuchter Leckerbissen“ ausgebreitet, wie das in seiner unnachahmlichen Art der kundige Schilderer dieser Gegend, Karl Löber, einmal ausgedrückt hat. Es ist eine Serie zahlreicher, sich zum Teil wiederholender Schichten, die in vier „Schuppen“ zusammengefaßt erscheinen. Man hat hier nacheinander fast alle Gesteine vom oberdevonischen Roteisenstein bis zu den Tonschiefern und Grauwacken des Kulm vor sich. Die Profilaufnahme zeigt, daß wir es hier mit einer Spezialstruktur der Dill-Mulde, der Galgenberg-Mulde, zu tun haben.

Wer sich eingehender damit befassen möchte, sei auf die beigefügte Lageskizze und das Schnittbild verwiesen. Die dort verzeichneten Namen sollte man im Gelände mit den entsprechenden Erscheinungen im Aufschluß in Verbindung zu bringen suchen. Der Roteisenstein allerdings ist abgebaut und praktisch über Tage nicht mehr zu sehen. Roter (nicht grüner) „Hemberg“-Schiefer findet als Terrazzo Verwendung. Der Bomben-Schalstein stammt aus dem Vulkanismus: Im Tuff stecken meist faustgroße „Bomben“ aus körnigem „Diabas-Mandelstein“. Die kleinen weißen Calcit-„Mandeln“ verleihen diesem Gestein ein unverwechselbares Aussehen.
Mit Hilfe spezieller Literatur könnte man hier am Wegrand ein richtiges geologisches Seminar abhalten. Ein Teil des Geländes wird sportlich genutzt. Eine Tafel nennt Adressen, wo geologisch Interessierte den Zutritt zum sonst verschlossenen Sportplatz erbitten können.
Am südlichen Ortsende von Langenaubach wendet man sich vor der Bahnunterführung nach links. Dort

ragt ein weißer Felsen empor, der den merkwürdigen Namen Wildweiberhäuschen trägt. Kurz davor beginnt jenes Roteisenlager, dessen Abbau man in der Grube Constanze betrieb. Es zieht bis in den Schelder Wald östlich der Dill, wo der Bergbau noch viel länger umging. Unsere Aufmerksamkeit soll jedoch dem Felsen selbst gelten, der Teil eines ehemaligen Korallenriffs im Devonmeer ist. Die weitere Umgebung des Felsens zeigt beinahe alle typischen Karstbildungen: Höhlen, Dolinen oder Schwinden.

Langenaubach: Aufschlüsse im oberen Rombachtal (nach WIEGEL, 1956; veränd.). Unten: Lageskizze; oben: Schnitt von NW nach SE.
1 Tuffbrekzie; 2 Hangenberg-Schiefer; 3 Dasberg-Schiefer und Sandstein; 4 Bombenschalstein; 5 Cephalopoden-Kalk; 6 Tonschiefer und Grauwacken; 7 Alaunschiefer; 8 Deckdiabas; 9 Kieselschiefer; 10 Rote und grüne Hemberg-Schiefer; 11 Kalke und Schiefer; 12 Schiefer und Tuffe; 13 Eisenerz (Clara-Lager); 14 Diabas-Mandelstein.

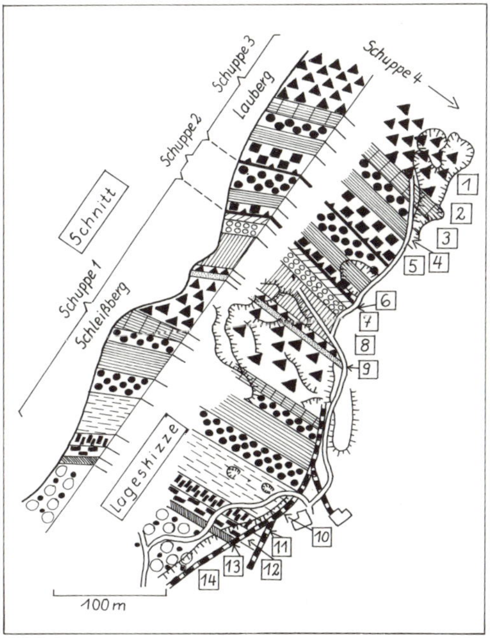

Kissen- oder Pillow-Diabas vor dem Eisenbahntunnel der Linie Langenaubach – Breitscheid.

Der Fortsetzung des Riffkomplexes werden wir später im Raum Medenbach erneut begegnen. Der oberdevonische Riffkalk (Iberger Kalk) bildet hier einen 30 m hochragenden Felsen, der unter Naturschutz steht. Nach Nordwesten öffnet sich eine große Höhle, weiter unten eine kleinere. Ihre Tropfsteinbildungen sind heute leider zerstört. Beide Höhlen dürften durch Verwitterung infolge Sickerwasser entstanden sein. Die kleinere Höhle wurde durch die Entdeckung späteiszeitlicher Tierreste (Halsband-Lemming, nordische Wühlmaus, Eisfuchs, Ren, Alpenmoorhuhn u. a.) unter Laacher Trachyt-Tuff wissenschaftlich interessant.
Etwas unterhalb umspült der Aubach den Fuß eines weiteren Felsens, der aber aus porphyrischem Diabas aufgebaut ist, die Horte Linn. Am Bahneinschnitt hinter dem Wildweiberhäuschen stößt man auf schwarze Kieselschiefer, die Langenaubacher Tuffbrekzie – ein für diese Gegend charakteristisches Gestein – und schließlich auf einen Deck-Dia-

bas. Die kissenförmigen Wülste oder Pillows, zu denen die Vulkanite beim Abkühlen im Meer „geronnen" sind, erkennt man unmittelbar vor dem Tunnel der Bahnlinie. Eine grüne Variante, die nahebei ansteht, wurde als „Hessisch Grün" abgebaut und zur Farbenherstellung benutzt.
Geht man vom Wildweiberhäuschen ein Stück im Wald bachaufwärts, so stößt man links vom Weg auf einen Tunnel, der offensichtlich durch den Gesteinsabbau entstanden ist. Man kann ihn umgehen und von oben in den künstlichen „Krater" blicken, wo man sofort den säuligen Basalt wiedererkennt. Am Eingang stehen auch Pillow-Diabas und brekziöses Material an. Es handelt sich um einen tertiären Schlot, der sich in einer Schwächezone des altzeitlichen Gesteins (Unter-Karbon) gebildet, zunächst Tuffe und dann Basalt gefördert hat.
Gegenüber, auf der anderen Straßenseite, befindet sich die Tongrube Stoß, wo ein anderes Produkt der

Rechts oben: Der Schönbühl bei Haiger-Langenaubach stellt ein örtlich begrenztes tertiäres Basaltvorkommen inmitten paläozoischer Gesteine dar. Innerhalb einer Schwächezone des Unter-Karbon bildete sich ein Schlot, den zunächst wohl Tuffe, dann die Lava füllte. Der Gesteinsabbau hinterließ die heutigen Formen. Naturdenkmal.

Rechts unten: Die Versickerung (Schwinde) des Erdbaches bei Breitscheid, ein Naturdenkmal!

Tertiärzeit, Ton, abgebaut wird. Man findet darin gelegentlich verkieselte Hölzer. An günstigen Stellen läßt sich eine ganze Schichtenfolge von Kaolin-Ton über Sand, Quarzit, Braunkohle und Tuff bis zum Basalt ablesen. Die Braunkohle liegt als geringmächtiger Flöz zwischen Sohl- und Dachbasalt. Von Langenaubach fährt man direkt nach Breitscheid, wo man sofort links in Richtung **Erdbach** abbiegt und am Ortsrand anhält.

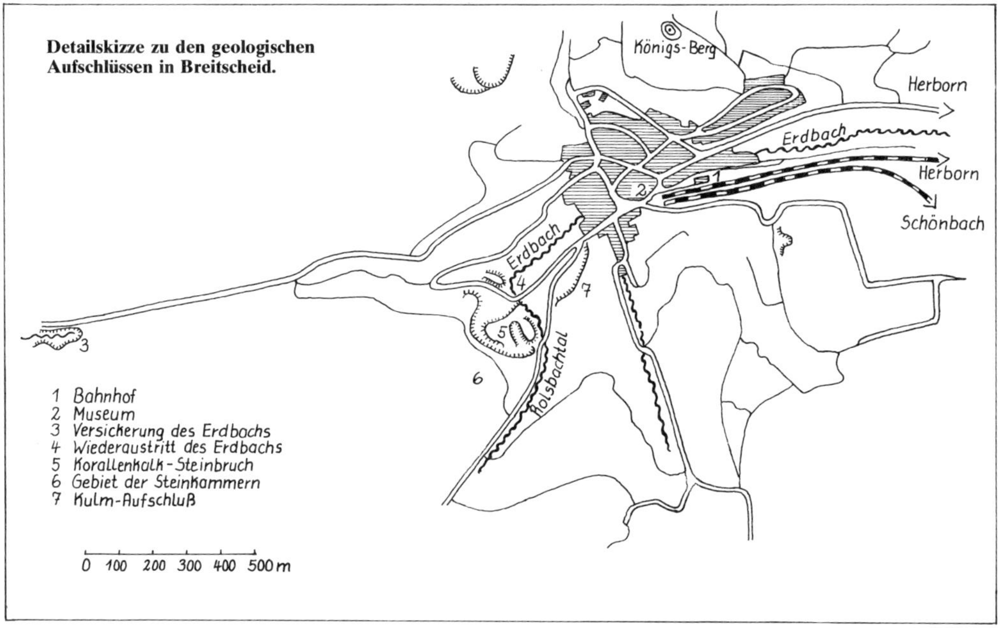

Detailskizze zu den geologischen Aufschlüssen in Breitscheid.

Oben: Zähne tertiärer Säuger aus den Erdbacher Höhlen.

Bei Erdbach und **Breitscheid** stoßen wir wiederum auf jenes einstige Korallenriff, das am Wildweiberhäuschen vor Langenaubach seinen Anfang nimmt. Im Ober-Devon entstanden, hat dieser Kalkstein (Iberger Kalk) gerade hier starke Veränderungen durch das Wasser erfahren. Oben in Breitscheid verschwindet neben der Straße nach Erdbach der gleichnamige Bach im Boden, um erst 1 km nach dem Schluckloch als Karstquelle wieder ans Tageslicht zu treten. An der Erdoberfläche bezeichnet ein Trockental den ursprünglichen Verlauf des Baches.

Rechts: Stromatoporen-Kolonie aus dem Kalk von Medenbach, an dessen Bildung diese Korallen wesentlich beteiligt waren.

Rechts: *Phillibole aprathensis,* **ein 2 cm langer Trilobit aus dem Unter-Karbon von Erdbach.**

Unterirdisch hat der Bach ein kompliziertes Höhlensystem ausgewaschen, wodurch Erdbach zu einem beliebten Studienobjekt hessischer Höhlenforscher geworden ist. Sie müssen über 90 m in die Tiefe steigen, wenn sie die fast 400 m langen Gänge erkunden wollen. Man fand 1973 einen 14 Zentner schweren Tropfstein, der Berechnungen zufolge in 5750 Jahren herangewachsen war!
An den Felshängen des Rolsbachtales öffnen sich zwei weitere Höhlen, die Große und die Kleine Steinkammer. Sie sind vor allem prähistorisch bemerkenswert durch Funde aus der Hallstatt-Zeit, ergänzen aber auch das Bild einer vom Wasser gestalteten Karstlandschaft.
Hat man den Weg von Breitscheid nach Erdbach zu Fuß zurückgelegt, wozu unbedingt geraten wird, so gelangt man schließlich in den aufgelassenen Stein-

bruch, an dessen Rand der Erdbach wieder das Tageslicht erreicht. Hier wird im Aufschluß Iberger Kalk sichtbar. Ihn überlagert Deckdiabas, der aber auch in Schlotten in den Kalk eindringen kann. An Fossilien kommen Stromatoporen, Korallen und gelegentlich Brachiopoden vor.
Am Ortsrand liegt rechts das wichtige Profil von Kulm-Kieselschiefer, das über fossilreiche obere Alaunschiefer zu Kulm-Tonschiefer reicht. Goniatiten, Orthoceren, Trilobiten, Posidonien und andere Formen wurden in diesem unter der Bezeichnung „Farbmühle“ bekannten Aufschluß gesammelt. Da der Aufschluß von wissenschaftlicher Bedeutung ist (vgl. S. 17; ferner ROTH, 1977, S. 64), steht er unter Naturschutz. Sammeln ist strikt verboten! Das benachbarte Ortsmuseum (S. 159) bietet mehr als eine Entschädigung, denn so gute Stücke, wie sie dort unter der Obhut von Willi HOFMANN gezeigt werden, würde der Sammler doch kaum finden! Von Erdbach

kann man unmittelbar nach **Medenbach** weiterfahren.
An der Straße nach Breitscheid liegt ein großer Kalksteinbruch. Dieser und andere, zum Teil aufgelassene Steinbrüche erlauben Einblicke in den Iberger Kalk, der hier als mächtige Riffkalkplatte vorliegt, in die Lagen von Tuff eingeschaltet sind, gelegentlich auch solche von grobspätigem, gebanktem Kalk oder auch von Schiefern. Für eine eingehende Besichtigung oder gar zum Sammeln von Mineralien muß unbedingt vorher die Erlaubnis der Werksleitung eingeholt werden! Guten Calcit und Quarz kann man wohl immer erwarten. Bekannt wurden Funde von großartigen Kappenquarzen, Calcite in interessanten Modifikationen, Dolomit, Azurit und Kupferkies. Malachit und Aragonit wurden sogar in XX gefunden, Haematit als Bestandteil von Brauneisenstein, Limonit auch als Glaskopf (Wilke, 1979).
Wenn in der Literatur von dem Langenaubach-Breitscheider-Riffkomplex die Rede ist, wird damit dem Umstand Rechnung getragen, daß dieser Raum faziell und tektonisch wesentlich durch die oberdevonische Riffbildung geprägt wurde, die sich auf einer vulkanischen Schwelle vollzogen hat. Als zweites Charakteristikum dieser Gegend sind die unterkarbonischen Vulkanite und Sedimente zu nennen, die das Riff übergreifen. Die variskische Orogenese hat

Oben: Amorpher Kalkstein aus Medenbach.

Rechts oben: Trilobit *Archegonus (Phillibolle) cf. culmicus* **aus der Gruppe der Proëtaceen, die als einzige bis ins Karbon überlebte; Kulm, Erdbach.**

Rechts unten: Oberdevonischer Korallenkalk, Medenbach.

als dritter Faktor diesen Raum gestaltet, indem sie das Gestein intensiv verfaltete und stapelartig verschuppte. Es entstand so einer der kompliziertesten Bereiche innerhalb der Dill-Mulde. Schon oberflächlich wird man dies daran gewahr, daß der Riffkalk in zwei Teilgebieten zutage tritt, nördlich bei Langenaubach und südlich bei Breitscheid und Erdbach.

Zu den Besonderheiten dieses Raumes gehören die typischen Gesteine, die hier ihren Namen gefunden haben und die fazielle Sonderstellung des Gebietes begründen. Da sind einmal die zum Unter-Karbon gehörenden cephalopodenhaltigen Crinoidenkalke, die als Erdbacher Kalke bekannt sind (vgl. S. 17, 29). Obwohl sie nur örtlich ausgebildet und geringmächtig sind, haben sie dank ihres Fossilreichtums für die Stratigraphie große Bedeutung erlangt. Blickt man in die Spezialliteratur, so sieht man, daß innerhalb des Kalkes hinsichtlich der Lagerungsverhältnisse und des stratigraphischen Niveaus weitere Unterschiede bestehen, die hier nicht näher erörtert werden können.

Mit dem Erdbacher Kalk ist ein zweites Gestein, die Langenaubacher (Tuff-)Brekzie, innig verknüpft. Im Rombachtal konnte man das gut sehen. Beide gehören in die *Pericyclus*-Stufe des Dinant. Es ist ein „überwiegend chaotisches Haufwerk mehr oder weniger großer Brocken und Blöcke von oberdevonischem Riff-, Cephalopoden- und Plattenkalkstein", Dillenburger Schichten, mandelreichem Diabas und Tonschiefern.

Solche Vielfalt auf derart engem Raum und dazu noch ganz spezifische örtliche Besonderheiten – das ist doch recht selten! Im Westen verschwindet dann die Dill-Mulde unter dem Tertiär des Westerwaldes. Die Umgebung von Medenbach und Breitscheid ist geologisch zum Teil durch den Übergang zum tertiären Westerwald charakterisiert. Außer Kalk werden oder wurden Basalt, Ton und Braunkohlen gewonnen.

In der Tongrube bei Breitscheid treten neben den begehrten feuerfesten oligozänen Tonen stellenweise auch Basalttuff, Klebsand und Walkererde auf. Letztere ist ein grünliches, plastisches Material, das durch Zersetzung des Basalt-Tuffes entsteht. Es enthält reichlich Montmorillonit. Die Tonvorkommen dieses Raumes sind die letzten Ausläufer jenes großen Tonbergbaugebietes, das seinen Schwerpunkt im „Kannenbäckerland" bei Höhr-Grenzhausen hat und von dort über Wirges und Langendernbach bis Haiger zieht. Bei den Beilsteiner Tonen handelt es sich um mittelfette und fette Tone.

Von Medenbach fährt man wohl am zweckmäßigsten über Breitscheid und Schönbach nach **Roth,** wo man die B 225 erreicht. Der Steinringsberg besteht aus Feldspatbasalt, der zunächst in stillgelegten Brüchen östlich der Straße gewonnen wurde und heute in dem Bruch diesseits abgebaut wird. Man erhält hier nun erstmals einen umfassenden Einblick in die Vielfältigkeit des Westerwälder Tertiär, wenn man die vorgeschlagene Reihenfolge der Exkursionen eingehalten hat. Das ausgedehnte Basaltvorkommen breitet sich entweder in großflächigen Decken über dem paläozoischen Fundament aus oder durchbricht dieses örtlich, um Kuppen oder Gangstiele zu hinterlassen. Die Brüche bieten stellenweise die typischen Basaltsäulen, aber auch basaltische Schotter. Daneben fällt anderes Tertiärgestein an: Ton, Lehm, Sande und Kiese.

Aus den Brüchen am Steinringsberg sind Natrolith, Calcit, Phillipsit, Thomsonit, Apophyllit und angeblich Analcim (alle XX) bekanntgeworden. Wenn die Werksleitung die Erlaubnis erteilt, sollte man den voranschreitenden Abbau beobachten für den Fall, daß mineralführende Stellen aufgeschlossen werden.

Über die B 255 oder über Heiligenborn gelangt man nach Driedorf und von dort nach Beilstein. Südlich wird an der Schmalburg ein Basaltbruch betrieben, dessen Säulen in ungemein eindrucksvoller Regelmäßigkeit angeordnet sind. Bei einer Weiterfahrt ins Ulmtal würde man die Exkursionsroute VII (S. 125) erreichen. Empfohlen wird aber, die Straße nach **Greifenstein** zu nehmen. Sobald man der Burgruine ansichtig wird, biegt man rechts ab auf die Straße nach Greifenthal und passiert nach etwa 100 m eine große Lichtung im Wald, wo man das Fahrzeug abstellen kann. Man geht rechts den Weg hinab, hält sich am Waldrand links, um am Ende der Lichtung den Waldweg in Richtung Heilanstalt Elgershausen zu nehmen. In Schürflöchern ist Greifensteiner Kalk aufgeschlossen! Andere Schürfe haben Pentamerus-Quarzit freigelegt. Beide sind Besonderheiten dieser Stelle: Wir stehen am „Locus typicus“ – wie die Geologen sagen – der genannten Gesteine. Beide sind, wie früher erwähnt, mitteldevonische Bildungen der Hörre-Zone. Der Kalk enthält eine reiche Fauna, die hercynisch geprägt ist. Überwiegend handelt es sich um Brachiopoden *(Orthis, Pentamerus, Spirifer, Atrypa)*, Trilobiten (*Proetus, Cornuproetus; Aulacopleura, Harpes, Leonaspis, Phacops* u. a.) und eine Gruppe (Platyceratidae) der Schnecken. Häufig sind aber auch Korallen *(Amplexus, Cladochonus)*. Daneben finden sich Cephalopoden *(Goniatites, Orthoceras)* und Tentakuliten. Offenbar verlieren einzelne Sammler an solcher Fundstätte manchmal die Beherrschung, denn gelegentliche Besuche zeigten dieselbe in beklagenswertem Zustand. Außerdem sind an anderer Stelle des Waldes Schürflöcher angelegt worden, was strikt verboten ist.

Phacops granulatus

Wesentlich leichter ist ein weiterer Fundpunkt des Greifensteiner Kalkes bei Daubhausen zu erreichen, wenn man den kleinen Abstecher über Greifenthal und Katzenfurt macht. In Daubhausen schlägt man bei der Kirche den Fahrweg zum Friedhof ein, fährt an diesem links vorbei, passiert die Einfahrt zu einem links gelegenen Müllplatz und bemerkt alsbald zur Rechten einen kleinen, stillgelegten Steinbruch. Trotz stärkeren Pflanzenbewuchses steht das Kalkgestein überall frei zugänglich an. Geröllmaterial kann leicht aufgelesen werden. Südlich vom Weg ist Kulm-Kieselschiefer aufgeschlossen.
Zurück in Greifenstein wird man dem Heimatmuseum (S. 159) und gegebenenfalls der Burg einen Besuch abstatten. Letztere erhebt sich auf einem tertiären Basaltkegel. Dann nimmt man die steile Abfahrt ins Dilltal nach Edingen. Mehrfach stehen Plattenschiefer am Weg an. Über Sinn geht es nach **Her-**

Gemeindesteinbruch Donsbach. Profil von Süden (nach K. E. KOCH, aus KOCKEL, 1958; vereinfacht).
1 Iberger Kalk; 2 kompaktere Kalkzonen; 3 dünnbankiger Kalk; 4 plattig-dünnbankiger Kalk mit Schiefer; 5 Schiefer; 6 tuffitische Gesteine; 7 Hornstein.

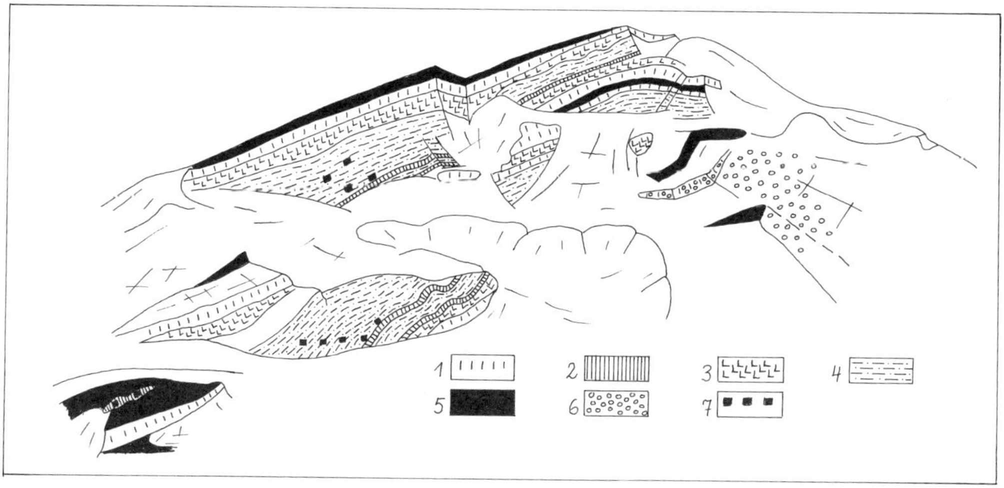

Aufschluß im ehemaligen Gemeindesteinbruch von Dillenburg-Donsbach, ein Naturdenkmal.

born. Am Nordrand der Altstadt befindet sich der berühmte Fossilfundpunkt „Weinberg", der heute unter Naturschutz steht. Geröll darf man wohl begutachten, Mitnehmen oder gar Abbrechen von Gestein ist verboten. Fauna und Flora gleichen jener des Kulm von Erdbach. Wissenschaftlich interessant sind insbesondere die Trilobiten. Wie in einem früheren Kapitel gezeigt wurde, ist hier eine Reihe von Neuentdeckungen gemacht worden, manche tragen den Namen des Fundortes in der Artbezeichnung.
Die Faunenliste des Fundpunktes, der auch als „Geistlicher Berg" bekannt ist, beläuft sich heute auf über einhundert Arten! Ein „Tausendfüßler", *Bostrichopus antiquus,* ist nur von dieser Stelle und nur in einem einzigen Exemplar bekanntgeworden. Man beachte aber auch die hier aufgeschlossene unterkarbonische Schichtenfolge: Auf das Liegende (Deckdiabas mit Eisenkiesel) folgen Grauwacken, Kieselschiefer, Grauwacken, Kieselschiefer (mit *Entogonites grimmeri*), schwarze Schiefer (mit *Goniatites crenistria, G. spirifer*), fossilreiche Tonschiefer, Grauwacken und Grauwackenschiefer (vereinzelt Lagen mit *Goniatites crenistria* und *G. intermedius*). Fast die gesamte Folge gehört in die *Goniatites*-Stufe des Visé. In dessen jüngeren Schichten (CU III) markiert *Goniatites crenistria* die unterste Stufe (α).
In Burg biegt man links wieder ab und folgt der rechts nach **Donsbach** führenden Straße (Richtung Uckersdorf). Auf der westlichen Anhöhe über dem Dorf liegt der unter Naturschutz stehende Gemeindesteinbruch. Das Profil erschließt eine Spezialstruktur, den Donsbacher Sattel. Der sehr eindrucksvolle Aufschluß zeigt eine Schichtserie aus tuffitischem Adorf, Adorf-Plattenkalk mit Hornsteinlagen und eingeschaltetem Iberger Kalk, schließlich auch Nehden-Rotschiefer. Man hat über 200 verschiedene Fossillagen – meist Conodonten und Ostrakoden – unterscheiden und eine genaue Chronologie der Schichten erarbeiten können.
Bei der Weiterfahrt nach Haiger biegt man am Ortsrand links ab zum Rotschiefersteinbruch, wo man dieses für das Dillgebiet typische Gestein vor Augen hat. Es sind rote Tonschiefer der Hemberg-Stufe. Zurück zur Straße sieht man am Ortsrand an der Böschung die Schichtenfolge des Donsbacher Sattels praktisch lückenlos aufgeschlossen. Auch auf der Paßhöhe der windungsreichen Straße sind immer wieder wechselnde Gesteine aus der Schichtenfolge (Givet bis Dasberg) des Donsbacher Sattels zu sehen.
In Haiger angelangt, wird man im Museum am Marktplatz (S. 159) zusätzliche Informationen erhalten.

Exkursion V: Nördliche Dill-Mulde, Hinterland

In **Dillenburg** überquert man am Bahnhof die Gleisanlagen über eine Brücke und wendet sich dann sofort rechts. An der Böschung am Laufenden Stein ist ein N-S-verlaufendes Profil durch den mitteldevonischen Schalstein aufgeschlossen. Über dem „Schalstein", einem Diabas-Tuff mit Mandeldiabas-Bomben, befindet sich ein „Liegendes Lager" von Roteisenstein, dem in der ehemaligen Grube der Abbau galt. Dieses „Liegende Lager" ist allerdings ziemlich steil aufgerichtet, der Begriff bezieht sich auf die ursprüngliche Schichtenfolge, die hier durch tektonische Vorgänge in dieser Weise gegeneinandergestellt worden ist. Nach der Mauer sind dann Dillenburger Schichten (Tonschiefer, Tuffe) zu sehen, in die eine Lage von Spilit und Diabas zwischengeschaltet ist. Im Hangenden dieser Schichten folgen Adorf-Plattenkalk und schließlich Adorf-Nehden-Grenzschiefer.

Orientierungsskizze zu Exkursion V

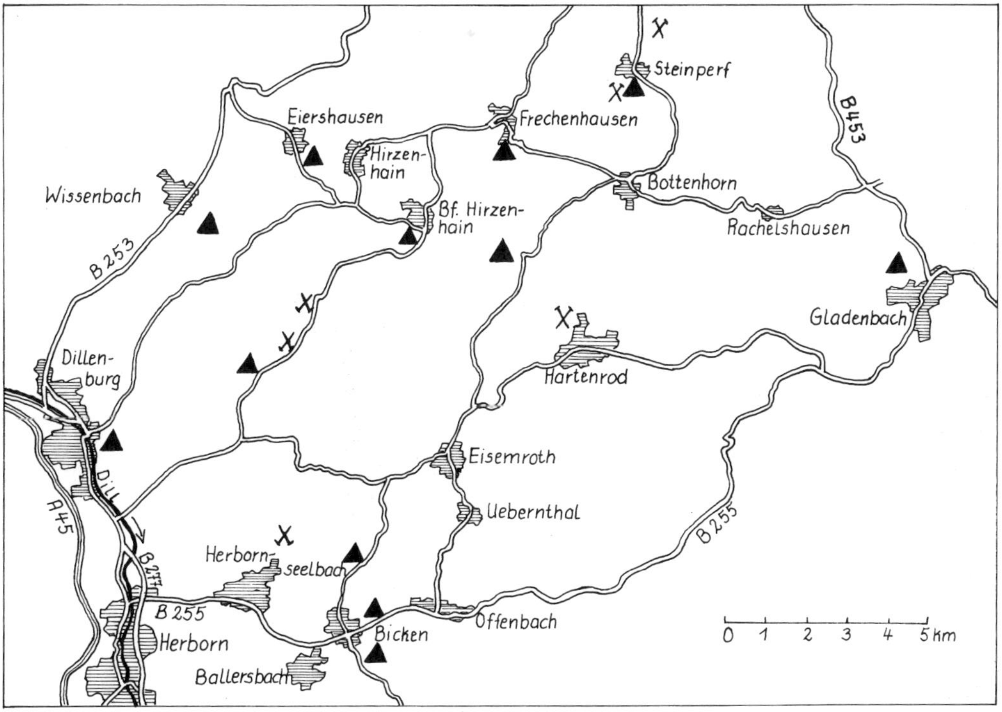

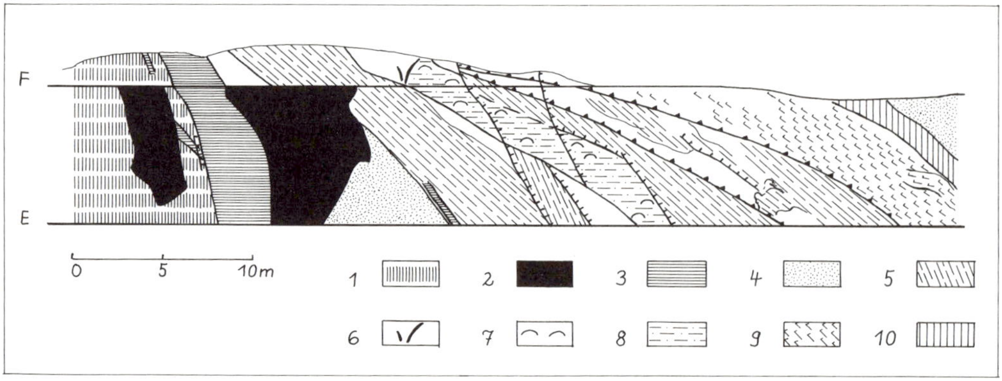

Aufschluß am „Laufenden Stein" Bahnhof Dillenburg. Profil an der Südflanke (nach LIPPERT, 1970; stark vereinfacht).
1 Givet-Schalstein; 2 verbaut; 3 Roteisenstein-Grenzlager; 4 Intrusiv-Diabas; 5 Dillenburger Schichten; 6 Schwerspat; 7 Pillow-Diabas; 8 Spilit und Diabas (effusiv); 9 Adorf-Plattenkalk; 10 Adorf-Nehden-Grenzschiefer; F Fahrweg; E Eisenbahngeleise.

Unten: Roteisenstein aus dem Dillgebiet, Mittel-Devon.

Kurz nachdem die Straße nach Nanzenbach die Bahn überquert hat, schneidet sie an der Adolfshöhe ein Profil an. Man erkennt Dillenburger Schichten in verschiedener Ausbildung und Diabas-Mandelstein. Lehrreich ist ein Vergleich mit dem vorigen Aufschluß, der den raschen Fazieswechsel der „Dillenburger Tuffe" offenbart.

Über die B 253 gelangt man nach **Wissenbach,** dem „Locus typicus" der gleichnamigen Schiefer. Das als Dachschiefer beliebte Gestein haben wir schon am Schlierberg bei Haiger kennenlernen können. Außer dem klassischen Fundpunkt südöstlich des Ortes (Grube Batzbach) sind bekannte Vorkommen der Wissenbacher Schiefer beispielsweise Simmersbach (Grube Wolfsschlucht) und Gladenbach (Grube Erin).

In Eibelshausen verläßt man die Bundesstraße und fährt über Eiershausen in Richtung Hirzenhain. Der Steinbruch mit Wissenbacher Schiefern in **Eiershausen** wurde leider verfüllt. Dafür hält man auf halbem Weg an, wo etwas oberhalb der Straße ein großer Steinbruch sichtbar wird. Hier am Südwesthang des Windhains ist in der hinteren Bruchwand der Diabas, dem der Abbau galt, als säuliger Intrusiv-Diabas zu erkennen. Die Pfeiler, die bis zu 20 m lang werden können, sind dort im mittleren Teil sogar quergelagert. Das mineralische Gefüge des Diabas ist verschieden. Eine Besonderheit stellt der seltene Biotit-Diabas dar, der links vom Lagergang und in dessen Mitte ansteht. Bei den übrigen Diabasen erkennt man Einsprenglinge von Pyroxen oder vereinzelt von Olivin.

Am **Bahnhof Hirzenhain** schneidet die Bahn bis zur Straßenbrücke Nehden-Sandsteine und Intrusiv-Diabas an, jenseits der Brücke rote Tonschiefer der Hemberg-Stufe, die schließlich von grauen Schiefern abgelöst werden.

Nicht weit vom Bahnhof wird an der Wasserscheide ein Pikrit-Steinbruch betrieben. Pikrit bezeichnet einen Olivin-Diabas mit geringem oder fehlendem Feldspatgehalt. Aus dem grusig zerfallenden Gestein werden die festen Bänke und Blöcke herausgelöst. Auffällig sind die „Flammungen", längliche Flecken von hellerer Farbe, die allgemein an den Diabasen der Dill-Mulde zu beobachten sind. Diese Flecken werden von Olivin verursacht, der noch keine Umwandlung (z. B. Vergrünung) erfahren hat. Auf der anderen Straßenseite sieht man freistehendes Gestein dieser Art. Typisch ist seine verwitterungsbedingt pockennarbige Oberfläche.

Über Lixfeld kommt man nach **Frechenhausen,** wo die Bahnlinie hinter dem Bahnhof einen tiefen Einschnitt in den Nehden-Sandstein kerbt. Man kann den Aufschluß auch gut von der Straßenbrücke auf dem Weg nach **Bottenhorn** betrachten. Von dort kann auf markiertem Wanderweg (18) der etwa 3 km entfernte Wilhelmsstein erreicht werden, eine unter Naturschutz stehende Gruppe von Eisenkieselfelsen.

Auf der Straße nach **Steinperf** zweigt links vor dem Ort eine Zufahrt zu den Steinbrüchen am Burgberg und am Dimmberg ab, wo Diabas – der „Hinterwälder Marmor" – gebrochen wird. Neue Brüche sind mittlerweile auch an der Straße von Obereisenhausen nach Holzhausen, also nördlich von Steinperf entstanden. In Klüften und anderen Hohlräumen des Gesteins konnten beachtliche Mineralienfunde gemacht werden, deren Liste bei gründlichem Nachsuchen noch verlängert werden dürfte. Bisher wurden, vornehmlich am Burgberg, registriert (Wilke, 1979): Bleiglanz, Zinkblende, Kupferkies, Pyrit, Calcit, Quarz, Haematit, Malachit, Epidot, Prehnit, (alle als XX), ferner Albit, Sericit, Pektolith und angeblich Pumpellyit. Manche der genannten Mineralien wurden in interessanten Varianten gesammelt, wie Doppelspat, Eisenkiesel und amethystfarbener Quarz. Es versteht sich von selbst, daß vor Betreten der Werksgelände die nötige Erlaubnis eingeholt werden muß.

Über Holzhausen und Runzhausen gelangt man nach **Rachelshausen,** dessen Diabassteinbruch an das Gestein (Pikrit) beim Bahnhof Hirzenhain erinnert. Hier konnten auch Haematit (XX) und Wurtzit gefunden werden. An der Straße nach Bottenhorn sind kompakte und Pillow-Diabase angeschnitten. Zum Teil werden die Vorkommen von bunten Schiefermitteln getrennt.

Weiter geht es über Runzhausen nach **Gladenbach.** Halden erinnern an den einst regen Dachschieferabbau (Wissenbacher Schiefer!). Man biegt rechts ab

Bei Eschenburg-Hirzenhain sieht man an freistehenden Klippen die pockennarbige Oberflächenverwitterung des Pikrit genannten Gesteins.

zum Postgewerkschaftsheim, von wo man zur „Gladenbacher Schweiz" findet, eine durch Eisenkieselfelsen geprägte bizarre Landschaft mit lohnendem Rundweg.

Über Bad Endbach fährt man nach **Hartenrod,** wo man zum Bahnhof abbiegt, um den Diabasbruch am Wollscheid zu erreichen. Ein Betreten ist nur möglich, wenn man zeitig um Besuchserlaubnis gebeten hat. Der Diabas steht in Kontakt mit den ihn umgebenden devonischen Schiefern und Sandsteinen, die man je nach Abbausituation sehen kann. Auch hier sind in den Hohlräumen des Diabas reichlich Mineralien gefunden worden, außer den im Diabas von Steinperf häufigeren auch Apophyllit, Natrolith, Heulandit und angeblich Datolith. Von Prehnit sind kugelige, grünliche Stücke bekannt.

Westlich Hartenrod wurde Baryt (Schwerspat) gewonnen, der eine Verwerfungsspalte im Diabas füllte, inzwischen aber abgebaut ist. Von hier hat man über bemerkenswerte Funde – außer Baryt – Bleiglanz, Zinkblende, Cerussit, Pyromorphit und Azurit berichtet, die jetzt aber nur von historischem Interesse sind.

Durch die Eisemröther Überschiebung, jene wichtige tektonische Leitlinie von Lahn- und Dill-Mulde, ist uns der Name des nächsten Ziels, **Eisemroth,** bereits vertraut. Im Ort hält man sich rechts, um die Richtung nach Bicken zu gewinnen. Weiter im Wald an der Abzweigung nach Oberscheld sind Wissenbacher Schiefer auf oberdevonische Schiefer geschoben, ein Indiz für die genannte tektonische Struktur, die dem Ort ihren Namen verdankt. Nach etwa 3 km liegt links der Eingang zum Steinbruch Weber. Zwi-

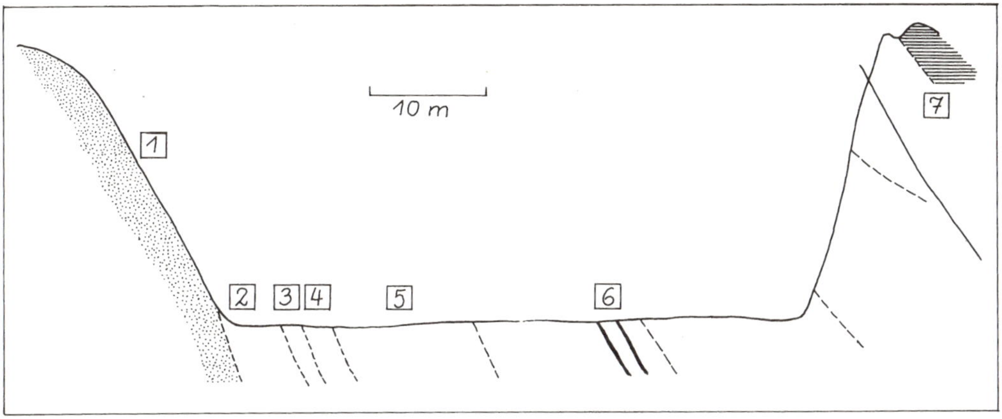

Steinbruch Benner zwischen Bicken und Offenbach. Querprofil (nach WITTEKINDT, 1958; aus KOCKEL, 1958; verändert).
1 Tentakuliten-Schiefer; 2 Ballersbacher Kalk (m. Zwischenlagen); 3 Günteröder Kalk; 4 Odershäuser Kalk; 5 Discoides-Kalk; 6 Kellwasserkalk; 7 Eifel-Kalk.

Unten: *Asterocalamites scrobiculatus,* **ein Schachtelhalm aus dem Kulm von Bicken, Steinbruch Benner; 17 cm lang, 6 cm breit.**

schen den kugelförmig ausgebildeten Kulm-Grauwacken befinden sich kohlig-sandige Zwischenlagen, in denen man Pflanzenfossilien (u. a. *Asterocalamites scrobiculatus*) finden kann.
Kurz vor **Bicken** erstreckt sich westwärts ein mehrere Kilometer langes Quarzvorkommen in Kulm-Grauwacke und Deckdiabas. Dieser „Riesengang“ war ursprünglich ein Schwerspatgang, der allmählich verkieselt wurde (Pseudomorphose). Der Abbau ist eingestellt.
An der Straße (B 255) nach Offenbach liegt der ehemalige Kalkbruch Brenner. Man biegt links in den engen Weg ein. Der Bruch steht unter Naturschutz und darf nicht betreten werden. Man gewinnt aber von außen einen Einblick, zu dem eine Erläuterungstafel Näheres mitteilt: In ansehnlichen Paketen sind unter- bis oberdevonische Kalke sämtlicher Fazies dieses Raumes und Tonschiefer aufgeschlossen. Sie enthalten Goniatiten, Trilobiten, Muscheln, Tentakuliten und Conodonten.

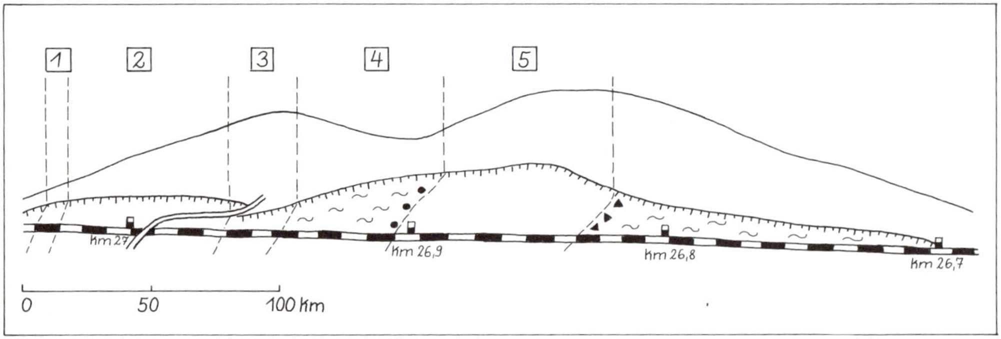

Eiternhöllschuppe bei Übernthal. Querprofil an der Südwestböschung des Bahneinschnittes (nach LIPPERT & SOLLE, 1952, aus KOCKEL, 1958; verändert).
1 Kulmkieselschiefer; 2 Deckdiabas; 3 Ober-Devon. Sandstein; 4 Schalstein; 5 Unter-Ems; nachfolgend Schalstein.

Unten: Der aufgelassene Steinbruch bei der alten Grube Beilstein im Scheldetal zeigt verschiedene kulmische Diabasbrekzien. Naturdenkmal.

Nordwestlich bei Bicken liegt die Berghöhe Eiternhöll, nach der eine Baueinheit des geologischen Untergrundes bezeichnet wird, die Eiternhöll-Schuppe. Will man sie kennenlernen, muß man allerdings nach Bischoffen weiterfahren und sich dann in Richtung **Uebernthal** begeben. Westlich des Ortes liefert die südwestliche Böschung des Bahneinschnittes ein Querprofil. Eine Sattelbildung ist erkennbar. Sie besteht aus Unter-Ems, das beidseitig von Schalstein flankiert und überlagert wird.
Zurückgekehrt nach Bicken, folgt man der Straße nach Bellersdorf, wo kurz hinter der Bahnunterführung ein Profil Gesteine des Hörresystems sichtbar macht. Urfer Grauwacken sind auf Nehden-Schiefer und Intrusivdiabas überschoben. Auf diese Störung folgen Sattelbildungen aus Plattenschiefern mit flankierenden Kalken und Kieselschiefern, als Muldenfüllung Urfer Grauwacken. Man könnte dieses Profil etwa 4 km weit verfolgen, bis es südöstlich im Hörrkopf ausläuft.
In der Umgebung von **Herbornseelbach** befinden sich wieder mehrere Steinbrüche, in denen unter-

karbonischer Diabas abgebaut wird. Die Mineralzusammensetzung weist ihn als Spilit aus. Schon der alte Steinbruch westlich von Bornberg wurde durch die Vielfalt seiner Mineralien berühmt, die in seinen Klüften und Hohlräumen gefunden wurden. Auch im neuen Tagebau östlich des Berges im Monzenbachtal hat sich erneut die reiche Mineralführung des Diabas bestätigt, die wir auf dieser Route wiederholt kennenlernen konnten. Die Erlaubnis der Werksleitung ist Voraussetzung zum Betreten und Sammeln! Die Liste der bisher registrierten Mineralien entspricht weitgehend jener, die aus den bereits besuchten Gruben bekannt ist. Von den über zwanzig Mineralien seien darum einige Besonderheiten hervorgehoben: Bergkristall, Haematit in schwarzer Tafelung, Babingtonit, Epidot, Datolith, Laumontit (auch größere XX), Stilbit (größere XX), Heulandit in Täfelchen, Prehnit (auch in XX), Apophyllit (in

kleinen XX), Analcim und Pumpellyit, ferner angeblich Olivenit, Chrysokoll und Lievrit. Im Fortgang des Gesteinsabbaues dürften an dieser reichen Fundstätte noch Überraschungen und eine Verlängerung dieser Liste zu erwarten sein.

In Niederscheld zwischen Herborn und Dillenburg macht man noch einen Abstecher ins Scheldetal, das durch seinen alten Bergbau berühmt geworden ist. (Landschaftlich reizvoller ist der Umweg zurück über Bicken, teilweise auf der bisherigen Exkursionsroute durch den Schelder Wald nach Oberscheld.) Die alten Gruben mit ihren noch immer guten Namen wirken allerdings durch ihre ruinösen Gebäude und überwucherten Halden recht melancholisch. Vielfach ist sogar das Betreten der Grundstücke verboten. Die Gruben bei **Oberscheld** förderten durchweg mitteldevonische Roteisensteinerze. In Sammlungen findet man prächtige Calcite (XX; Grube Königszug, Nikolausstollen, Augustusstollen) und Haematit (XX; Grube Königszug, Falkenstein), von der Grube Königszug außerdem Wavellit. Die zuletzt genannte Grube war die größte im Dillrevier.

Sehenswert ist der aufgelassene Steinbruch, der bald hinter Oberscheld links neben der Straße sichtbar wird. Der unter Naturschutz stehende Aufschluß führt verschiedene Ausbildungsformen des Diabas vor. Vorne steht zunächst brekzienartiger Pillow-Diabas an. Allerdings sind die ursprünglichen Pillows nicht ohne weiteres zu erkennen, da sie in Fragmente aufgelöst, eben brekziös, sind. Man müßte fast wie in einem Puzzlespiel die Diabasfragmente zusammenrücken, um dic kissenartigen Körpcr wiederherzustellen.

An der Rückwand hat die Brekzie ein ganz anderes Aussehen. Sie wirkt „chaotisch“. Diabasknollen von Faust- bis Metergröße sind in eine bräunlich fleckige Masse eingebettet. Diese besteht wiederum aus kleineren Diabasfragmenten, die ihrerseits in eine zementartige Masse eingebettet sind, die aus winzigen Diabassplitterchen besteht.

Damit haben wir im Verlauf dieser Route den „Hinterländer Marmor“ in wichtigen Varianten kennengelernt. Die Exkursion endet in Dillenburg oder Herborn.

Exkursion VI: Nordöstliche Lahn-Mulde

Die A 45 wird über die Abfahrt Ehringshausen verlassen, die Fahrt aber zunächst in nördlicher Richtung fortgesetzt bis nach **Kölschhausen.** Dort empfiehlt sich eine Wanderung zur westlich gelegenen Koppe. Ihr Gipfel steht unter Naturschutz und zeigt einen Basaltaufschluß mit ungewöhnlich regelmäßiger Pfeilerstellung. Die Bergkuppe gehört zu einer Kette ähnlicher Basaltstiele, die landschaftsprägend das Lahn-Dill-Gebiet überziehen und oft mittelalterliche Burgruinen tragen. Greifenstein hatten wir in Exkursion IV kennengelernt. Andere Beispiele sind Merenberg bei Weilburg, Braunfels, Kalsmunt in Wetzlar, Gleiberg (S. 124) und Vetzberg.

Es geht zurück bis kurz vor **Ehringshausen,** wo ein Feldweg am Kilometer 1,8 über die Lemp und zur ehemaligen Dachschiefergrube Gottesgabe führt. Die fossilleeren Kulm-Tonschiefer sind manchmal gebändert oder zeigen Pyritspuren. Lempabwärts ragen am Weg Klippen von Kulm-Kieselschiefern empor.

Orientierungsskizze zu Exkursion VI

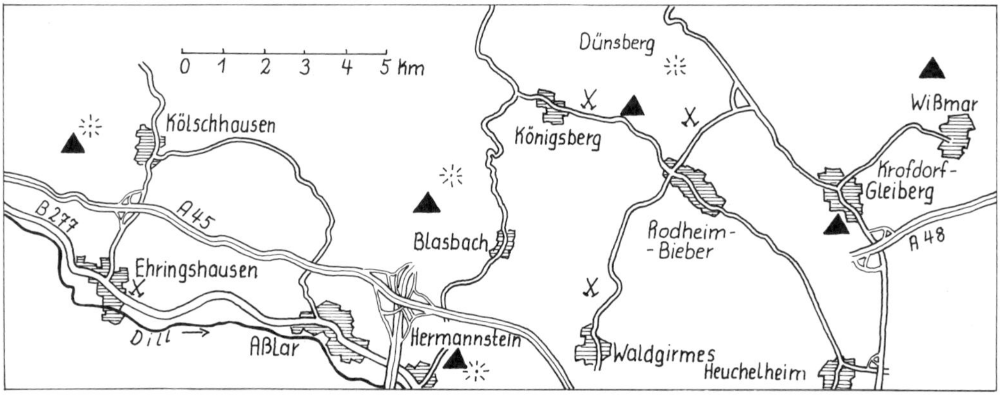

Dillabwärts am Ortsende von Ehringshausen steht links an der B 277 Schalstein an, in den Diabas eingeschaltet ist. Die hier einst betriebene Grube Heinrichssegen gehörte zum gleichen Lagerstättentyp wie die Gruben im Biebertal, wohin diese Exkursion noch führen wird. Die Fundmöglichkeiten sind praktisch erloschen. Mitunter besitzen alte Bergleute noch guten Glaskopf, wie er von hier bekanntgeworden ist.

In **Aßlar** wurde lange Pikrit gewonnen und verarbeitet. Die Brüche (einer ist Mülldeponie) sind unschwer zu finden, doch ist dieses Gestein anläßlich der Exkursion V besser gezeigt worden.

Stattdessen biegt man in **Hermannstein** links ab in Richtung Blasbach, wo rechts von der Straße der große Kalkbruch zu sehen ist. Nachdem man bei der Werksleitung vorgesprochen hat, kann der mitteldevonische Massenkalk an den Bruchwänden in Augenschein genommen werden. Mitunter sind Fossilbruchstücke zu erkennen (Crinoiden, Korallen, Stromatoporen). Der Bruch schneidet einen Teil des großen Massenkalkzuges an, der von Limburg (S. 137) bis Biebertal reicht, wo ihn unsere Route noch einmal treffen wird. Hier im östlichen Teil des Vorkommens wird der Kalk von Schalstein begleitet. Das Gestein ist auch mineralogisch interessant. Sammler müssen verständlicherweise ihre Tätigkeit auf Wochenenden oder Feiertage beschränken. Fundmöglichkeiten bestehen für Calcit und Dolomit (XX), Brauneisenstein, Überzüge aus Manganerz (Pyrolusit, Manganit) und Quarz.

Wo die Straße nach Blasbach die A 45 unterquert, biegt nach Norden ein Fahrweg zum Wochenendhausgebiet und zum Diabasbruch ab. Hier am Hirschkopf liegen mehr oder weniger dichter Diabas wie auch Diabas-Mandelstein samt Übergangsformen zwischen beiden vor. Gelegentlich ist Kieselschiefer eingeschaltet. Das lockere Gestein kann für Sammler gefahrvoll werden. Eine Erlaubnis zum Betreten ist unerläßlich. Der Fundort wurde erst jüngst beschrieben (WILKE, 1979). Er liefert Calcit, Quarz und Epidot (alle in XX), ferner Haematit, Goethit, Limonit als Glaskopf und Prehnit. Kupferkies- und Malachit-XX saßen auf Calcit.

Über Blasbach geht es weiter bis kurz vor Hohensolms, wo man rechts abbiegt in Richtung **Königsberg** (die Orte gehören jetzt alle zur Großgemeinde Biebertal). Dieser Raum ist geologisch wie mineralogisch bemerkenswert, wenngleich sich die Fundmöglichkeiten zunehmend verschlechtern. Die Haldenreste der einstigen Roteisensteingrube Königsberger Gemarkung, wo noch vor Jahren Haematit, Pyrit und Calcit gefunden werden konnten, sind praktisch in den Ortsbereich gerückt und uninteressant geworden. Statt dessen wird das Grubenfeld der neuen Königsberg aufgesucht, das sich oberhalb der alten Oberförsterei Strupbach erstreckt. Die Grubengebäude beherbergen heute ein Rehabilitationszentrum.

Auch wenn keine Mineralstufen geborgen werden können, ist das zutage liegende Material geologisch aufschlußreich. Hier findet man noch guten Roteisenstein aus dem Schalsteinlager und dem Grenzlager von Mittel- und Ober-Devon. Gerade das Grenzlager war bergbaulich von großer Bedeutung. Neben dem eigentlichen Roteisenerz und den Schalsteinen liegen Lesestücke von Massenkalken, dichten und körnigen Diabasen, Diabas-Mandelstein,

Die Koppe bei Ehringshausen-Kölschhausen besticht durch die überaus regelmäßige Stellung der Basaltsäulen. Naturschutzgebiet.

Kalkknotenschiefern und Schiefern herum. So hat man das Erz samt seinen Nebengesteinen fast wie auf einer frischbelieferten Halde vor sich.

Nordöstlich von hier liegt die „Schieferkaut", ein alter Schieferstollen mit noch erkennbarem Stollenmundloch. Der Fundpunkt wurde durch seine reichhaltige fossile Fauna bekannt, die etwa 90 Arten umfaßt.

Auf der Weiterfahrt bemerkt man links einen Steinbruch, wo sehr feiner Massenkalk abgebaut wird. Unschwer sind manchmal tiefreichende Karsterscheinungen festzustellen, die mit eigenartig rötlichem Lehm gefüllt sind.

Stropheodonta explanata, **Vertreter einer im Devon weit verbreiteten Gattung der Armfüßer (Brachiopoden).**

Folgt man dem Weg am Bruch vorbei noch weiter, so stößt man auf andere Ausbildungsformen des Kalkes. Zunächst sind rötlich-graue Flaserkalke zu sehen. Dann noch ein Stück weiter des Weges stehen beim Sprengstoffbunker Kalkknotenschiefer an. Die aus solchem Ausgangsgestein stammenden Kalkböden lassen eine charakteristische Flora gedeihen. Aus diesem Grund stehen Teile des Ebersteins unter Naturschutz.

Auf markierten Wanderwegen kann man von hier auf den Dünsberg steigen, wenn man nicht über Fellinghausen den Wanderparkplatz anstrebt, von wo der Fußweg etwas kürzer ist. Der Aussichtsturm ist höchstens an Wochenenden oder feiertags geöffnet, sonst erkundige man sich in Fellinghausen. Von hier oben hat man einen lehrreichen Ausblick auf das Lahn-Dill-Bergland, das Gießener Becken und den Vogelsberg. Die ausgedehnte dreifache Ringwallanlage auf dem Gipfel des Dünsberges stammt aus der Spätlatènezeit. Der Berg besteht weitgehend aus Kieselschiefer, dessen Abbau in kleinen Steinbrüchen am West- oder Südabhang versucht worden ist. Als Füllung von Spalten und Klüften, als Überzug von Schichtflächen und in Hohlräumen des Kieselschiefers treten Eisenphosphate auf. Es handelt sich um Wavellit, Variscit, Strengit und Kakoxen. Auch Pyrit und Limonit kommen vor. Schon gleich beim Turm liegt etwas Gesteinsaushub, den man durchmustern kann. Auch beim Aufstieg von Fellinghausen her über den an der Ostflanke aufwärtsführenden Wanderweg ist Aufmerksamkeit angebracht. Mineralogisch waren die Gruben Friedberg und besonders Eleonore bedeutend, letztere war zeitweise vielleicht der berühmteste Fundort in Deutschland.

Im Eleonorit lebt die Grubenbezeichnung weiter. Die Halde der Friedberg, wo noch vor etwa zwanzig Jahren Funde von Lepidokrokit und braunem Glaskopf möglich waren, ist „rekultiviert". Die Halden der Eleonore sind zwar noch erkennbar, aber zugewachsen und befinden sich in Privatbesitz. Das hier einst ausgebeutete Eisenmanganerz stellt ein geologisch interessantes Vorkommen dar. Eine SW/NE-streichende Störung hat hier Kieselschiefer gegen Massenkalk versetzt. Ausschließlich in der Kontaktzone zum Kieselschiefer kommen die Mangan- und Eisenerze vor. Pingen am Waldrand markieren den Verlauf dieser Störung.
Es muß freigestellt bleiben, ob man auch dem klassischen Mineralfundpunkt bei **Waldgirmes,** der ehemaligen Grube Rothläufchen, einen Besuch abstattet. Das Grubengelände liegt nördlich vom Ort im Wald. Die Straße von und nach Biebertal macht hier eine Kurve, an der in geradliniger Fortsetzung der von Süden kommenden Straße ein Feldweg bergan führt. Linkerhand am Waldrand geht ein weiterer Weg nach Südwesten. Die Forstbehörde hat wegen des unverantwortlichen Auftretens Sammelwütiger die Halden gesperrt. Man muß sich also zunächst an die betreffenden Stellen wenden. Nachdem lange die Nachsuche als kaum noch lohnend bezeichnet wurde, schließlich liegt die Grube bereits seit 1892 still, konnten in den letzten Jahren doch wieder zum Teil hochinteressante Funde gemacht werden.
Geologisch zählt die Grube zu jenem Typ, der uns vom Biebertal her bekannt ist. Auf den Hangend- oder Liegend-Grenzen oder in Hohlräumen des Massenkalkes lagern manganhaltige Brauneisenerze. Weltberühmt wurden von hier die Mineralgemeinschaften (Paragenesen) der Phosphate. Psilomelan und Limonit fielen massenhaft als Erzminera-

Die Burgruine Vetzberg bei Wetzlar liegt wie die benachbarte Burg Gleiberg auf einem isolierten Basaltstiel. Sie zeugen von örtlich begrenzter vulkanischer Aktivität zwischen Westerwald und Vogelsberg.

lien an. Etliche Phosphatmineralien wurden damals an dieser Stelle erstmals entdeckt: Rockbridgeit, Mangan-Rockbridgeit, Frondelit, Laubmannit, Variscit, Strengit, Kakoxen, Eleonorit, Wavellit, Dufrenit, Coeruleolaktit, Picit (und angeblich Barrandit). Manche treten in Mischkristallen oder als Pseudomorphosen auf, wodurch die Vielfalt außerordentlich erhöht wurde. Es verbietet sich leider, an dieser Stelle auf diese Sachverhalte näher einzugehen. Doch haben sie für den Naturfreund und Sammler kaum aktuelle Bedeutung, sondern sind vor allem von wissenschaftlichem Interesse. Auf die Spezialliteratur (zitiert bei WILKE, 1979) sei hingewiesen.

Östlich von **Bieber** wurde Massenkalk abgebaut in einem Bruch, der trotz seiner geologischen und mineralogischen Bedeutung leider völlig umgestaltet worden ist. Er lieferte Calcit-XX in Drusen und Calcit als Tropfstein, Dolomit, Ankerit, Glaskopf, Kupferkies, Malachit und feine Dendriten von Pyrolusit. Die interessanten Spalten der Abbausohle sind nicht mehr zu sehen. Doch läßt sich teilweise die Beschaffenheit des Gesteins (Givet) gut überblicken.

Auf der Weiterfahrt in Richtung **Heuchelheim** verläßt man die mitteldevonischen Massenkalke, der Gesteinsuntergrund wechselt zu unterkarbonischen Schiefern, Sandsteinen und Grauwacken. Ungefähr einen halben Kilometer vor Abzweigung der Straße nach (Krofdorf-)Gleiberg besteht ein kleiner Steinbruch, der Grauwacken und daneben Schiefer sehen läßt.

Einen Abstecher zur Burg **Gleiberg** sollte man unbedingt dann unternehmen, wenn man sich den etwas mühsamen Aufstieg zum Dünsberg versagt haben sollte, weil hier noch einmal Gelegenheit gegeben ist, den Ostteil unseres Exkursionsgebietes zu überblicken: Man vermag außer dem gegenüberliegenden Vetzberg noch kleinere Basaltvorkommen (Köppel, Wettenberg) zu entdecken. Der ausgedehnte Krofdorfer Forst läßt auf die hier verbreiteten Kulm-Grauwacken mit ihren für den Ackerbau ungeeigneten Böden schließen. Imponierend erhebt sich der aus harten Kulm-Kieselschiefern aufgebaute Dünsberg. Die Terrassierung des Lahntales ist stellenweise deutlich zu erkennen. Jenseits machen sich die Ausläufer des Vogelsberges bemerkbar.

Nicht mehr weit ist es nach **Wißmar,** wo man kurz vor Ortsende links in das Wißmarbachtal einbiegt und zu Fuß dem Weg folgt, an dem Kulm-Grauwacken, oberdevonische Rotschiefer, sodann etwas ältere (unteres Ober-Devon) Schiefer, Sandsteine und Kieselschiefer anstehen. Nach etwa einer Viertelstunde kommt man an einen großen Steinbruch. Von unten nach oben erkennt man in der Bruchwand dunkle Tonschiefer, Alaunschiefer mit kieseligen Zwischenlagen, gebänderte gelbgrüne Schiefer, Sandsteine und Grauwacken. In den Schiefern sind mit der Lupe Conodonten zu erkennen.

Die Exkursion kann in Gießen oder Wetzlar beendet werden oder bei der Weiterfahrt in der nachfolgenden Route ihre Fortsetzung finden. Bleibt man in Gießen, so sei ein Ausflug in die südlich der Lahn gelegene Lindener Mark empfohlen. Das auch unter dem Namen Bergwerkswald bekannte Gelände verfügte einst über die bedeutendsten Manganerzvorkommen Deutschlands. Der Bergwerkswald selbst ist heute Naturschutzgebiet, die Grube Fernie ist vollgelaufen, so daß Sammler hier keine Aussichten haben.

Exkursion VII: Südöstliche Lahn-Mulde

Von Wetzlar führt die B 49 direkt nach **Oberndorf,** das heute zu Solms gehört. Vor dem Ort liegt rechts ein stillgelegter Steinbruch, in dem givetischer Massenkalk abgebaut wurde. In ähnlicher Weise, wie es uns bei Exkursion VI bereits begegnet ist, begleitet der Kalk ein Schalsteinvorkommen, das sich bis nördlich der Lahn zum Klosterwald hinzieht. Verwitterte Gesteinstrümmer zeigen zahllose Stromatoporen, sodann Bryozoen, Crinoiden, Korallen und verschiedene Zweischaler (Bivalven). Die Verkarstung hat Hohlräume geschaffen, in die Rotlehm eingedrungen ist. Auch Schalstein findet man bei Oberndorf aufgeschlossen. Der kleine Steinbruch liegt beim südlichen Ortsteil westlich der Bahnstrekke. Die in dieser Gegend übliche Bezeichnung „Grünstein“ geht auf die durch hohen Chloritgehalt verursachte Grünfärbung zurück.

Noch auf ein drittes für diese Gegend typisches Gestein trifft man in Ortsnähe: Kieselschiefer der Adorf-Stufe. Der Bruch liegt östlich des Solmsbaches beim Transformatorenhäuschen, das man durch die Schlesierstraße erreicht. In der topographischen Karte ist der Aufschluß nicht eingezeichnet. Zwischen und über den Kieselschiefern stecken reichlich Conodonten.

Hinter dem Bahnhof Braunfels-Oberndorf biegt man rechts ab nach **Braunfels.** Wenn man sich zeitig darum bemüht hat, ist vielleicht eine Besichtigung der Mineraliensammlung des Schloßherrn (S. 159) möglich. Zu empfehlen ist ein Rundgang über den Waldlehrpfad westlich von Braunfels, der auch über geologische Einzelheiten recht anschaulich informiert.

Man fährt nun im Iserbachtal aufwärts nach **Philippstein.** Etwa auf halbem Weg liegt rechts das Gelände der einstigen Grube Ottilie, eine der bekanntesten, die hier Eisenerzabbau betrieben hat. In Mulden des Massenkalkes haben sich Lager von Brauneisenstein und vor allem Roteisenstein gebildet. Sammler haben hier und auf den Resthalden der anderen Gruben bestenfalls Lesesteine von Eisenkiesel und Roteisenstein zu erwarten.

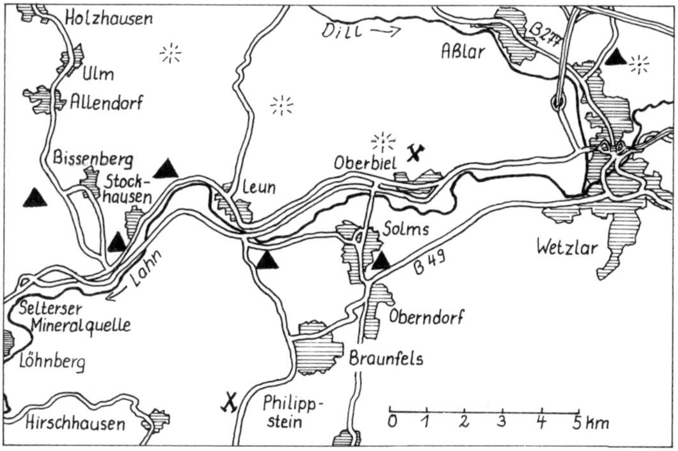

Orientierungsskizze zu Exkursion VII

Roter Eisenkiesel, Flußgerölle der Lahn.

Man durchquert den Ort unter Beibehaltung der Richtung und erreicht nach etwa 2 km den in Betrieb stehenden Diabasbruch. Wie schon bei den Diabasbrüchen im Hinterland bemerkt, führt dieses Gestein in Hohlräumen und Klüften oft vielgestaltige Mineralien. In XX sind zu erwarten: Chalkopyrit, Calcit, Dolomit, Rhodochrosit und Quarz. Sodann tritt Pyrit auf, ferner Malachit, Haematit, Limonit (Glaskopf), Nadeleisenerz, Pyrolusit, Melanterit, Feldspat, Hornblende, Pyroxen, Olivin, Biotit, Epidot und verschiedene Zeolithe. Nachdem man die Erlaubnis der Werksleitung eingeholt hat, kann man die beim Abbau anfallenden Gesteinstrümmer untersuchen.

Weiter im Tal aufwärts und dann links ab in Richtung Altenkirchen sind in einem weiteren Diabasbruch ähnliche Fundmöglichkeiten gegeben. Abgebaut wird der uns schon bekannte Pikrit-Diabas (vgl. Exkursion V).

Zur Weiterfahrt benutzt man ein Stück die B 456, biegt dann aber rechts ab nach **Hirschhausen** und fährt weiter durch den Ort in östlicher Richtung zur ehemaligen Grube Florentine. Das Grubengelände ist einer anderen Nutzung zugeführt. Man folgt zu Fuß dem nördlich abzweigenden Waldweg, wo man nach etwa fünf Minuten auf Haldenreste und Pingen trifft. Mit einigem Glück konnte gelegentlich der manganhaltige Brauneisenstein, dem der Abbau galt, auch als Glaskopf gefunden werden. Auch Haematit liegt vor.

Es lohnt sich, einmal auf einer topographischen Karte die eingezeichneten Gruben zu suchen. Geradezu übersät ist der bisher bereiste Raum davon. Der schon erwähnte und in Aufschlüssen besuchte Massenkalkzug bot, ebenso wie der begleitende Schalstein, reiche Eisenerzvorkommen, die eine jahrhundertelange Bergbautradition begründet haben. Das

Kieselschiefer als Flußgerölle der Lahn.

Hangende dieser Lager ist verschieden. Bei der Florentine bestand es aus Kieselschiefer, bei anderen Gruben aus Letten, Ton oder Kiesen.
An Braunfels vorbei geht der Reiseweg weiter in Richtung Leun. Am Lahnbahnhof (= Bahnhof Braunfels) kann man noch einmal einen Blick auf den Massenkalk werfen, der quaderartig nahe der Gleise ansteht und hier sehr fossilreich ist (Stromatoporen, Korallen, Crinoiden, Brachiopoden und Muscheln).
Nördlich der Lahn liegt **Leun** vor uns. Rechts im Hintergrund folgen Nieder- und Oberbiel, wo in der Grube Fortuna noch heute der Bergbau umgeht. Um die Leuner Schiefer an ihrem „Locus typicus“ kennenzulernen, biegt man nach rechts in Richtung Mühlbach und Ehringshausen ab. Da die topographische Karte den Fundpunkt nicht verzeichnet, muß man die Hilfe Ortskundiger in Anspruch nehmen. Man muß hier nämlich in nordwestlicher Richtung bergan gehen und den Feldweg um die Eselshecke nehmen, in dessen Böschung dieses Gestein unschwer zu erkennen ist. Es handelt sich um eine Sonderausbildung der Schiefer des unteren Mittel-Devon, von denen wir die Wissenbacher Schiefer in der Dill-Mulde gut kennenlernen konnten. Der Leuner Schiefer weist diesen gegenüber einen hohen Kalkgehalt auf, wobei der Kalk allerdings oberflächennah meist schon weggelöst worden ist und ein mürbes und bröckelndes Gestein hinterlassen hat. Die Eselshecke wurde durch ihre Fossilien bekannt. Abdrücke von Crinoiden, Brachiopoden und zuweilen Trilobiten sind festzustellen.
Von der Lahntalstraße in Richtung Weilburg biegt hinter Leun rechts ein kleiner Weg ab zum Hof Heisterberg. An der Mündung des Helgebachtales öffnet sich ein großer Diabasbruch. Wenn die Werksleitung den Zutritt erlaubt hat, sollte man beim Betrachten der Gesteinswände die Vorgänge zu rekonstruieren versuchen, die sich beim Aufdringen des Magmas abgespielt haben. Gewaltige Massen sind in die anstehenden mitteldevonischen Schiefer eingedrungen (intrudiert) und haben sie in den Kontaktzonen verändert (Kontaktmetamorphose). Der Schiefer wurde regelrecht „verbacken“ (gefrittet). Auch hat sich Hornstein gebildet. Bei der gewaltigen

Fördermasse – der Lagergang hat eine Mächtigkeit von über 70 m – benötigte der Abkühlungsprozeß lange Zeit, während der sich die Bestandteile der Fördermasse noch umorientieren und in wechselnden Konzentrationen verteilen konnten. So erklärt sich auch die so sehr unterschiedliche Feinstruktur des Gesteins.

Etwas weiter talaufwärts besteht ein zweiter Steinbruch, in dem Diabas-Mandelstein in Schichten der Adorf-Stufe intrudiert ist.

Zu Fuß kann man dem gut markierten Wanderweg zur Dianaburg folgen. Den Kern des Berges bildet ein tertiärer Basaltstiel, der im Zusammenhang mit dem Vogelsberg-Vulkanismus durch das paläozoische Gestein getrieben wurde. Bereits auf Gleiberg (Exkursion VI) haben wir gesehen, daß solche isolierten Vorkommen oft auf einer Linie liegen. So ist es auch hier, denn südöstlich sind der Dianaburg Berge ähnlicher Natur vorgelagert: Leuner Burg, Bieler Burg und Schäferburg. Offenbar öffneten Schwächezonen im Devonfundament den magmatischen Schmelzen den Weg an die Oberfläche. Es ergeben sich also auch auf diese Weise Anhaltspunkte für den inneren Bau des Grundgebirges.

Bis **Löhnberg** bewegen wir uns noch in der nach diesem Ort benannten Beckenlandschaft, die erst während der erdgeschichtlichen Neuzeit geschaffen wurde. Schon für das Ober-Miozän und Pliozän vermutet man die Existenz einer Urlahn. Gleichzeitig mit den Hebungsbewegungen im Schiefergebirge hat sie schrittweise ihr Bett verlagert (vgl. Talgeschichte der Sieg, Exkursion III) und vertieft. Dabei sind nacheinander Terrassen gebildet und mit Schottern zugedeckt worden. Vier solcherart entstandene Geländestufen kann man bei Löhnberg unterscheiden.

Noch ein anderes Phänomen verdient Aufmerksamkeit. Bei Biskirchen und Selters bestehen Brunnenbetriebe, die natürliche Mineralquellen nutzen. Solche Mineralquellen sind Anzeichen einer unruhigen Erde, Indizien für spätvulkanische Vorgänge! Diese hier haben Anteil an einem weitreichenden Salzwasserstrom, der in den tertiären Salzlagern des Oberrheingrabens „entspringt“. Bei seinem Abfließen nach Norden nimmt er einen von Osthessen kommenden zweiten Strom auf, der unter anderem die Wiesbadener Quellen speist. Ein Teil des Mineral-

Ehem. Grube Emma bei Allendorf. Profil durch den Tagebau (nach H. BENDER, 1960; aus WEYL, 1980; veränd.). 1 graue und rote Kalkknoten- und Kalkschiefer; 2 grauer und roter, toniger, dickbankiger Kalk; 3 rote, ruschelige Schiefer mit Kalklinsen; 4 Eisenerzlager; 5 Schalstein; 6 Stollen; 7 Halde; 8 Schacht.

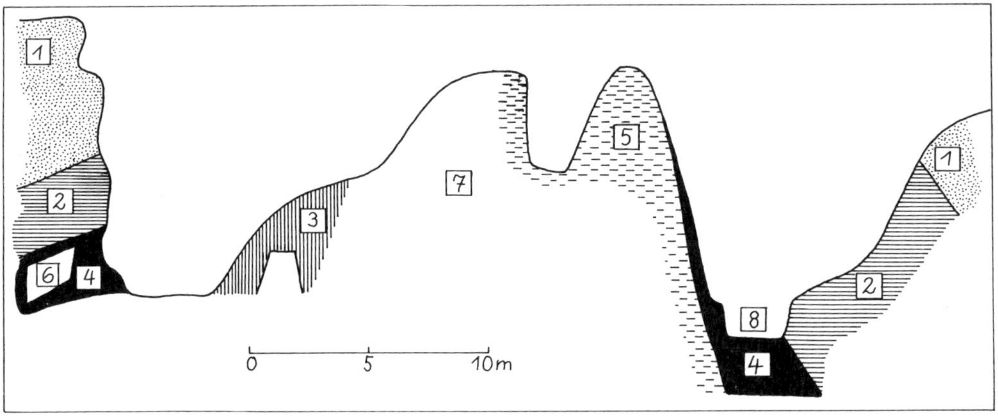

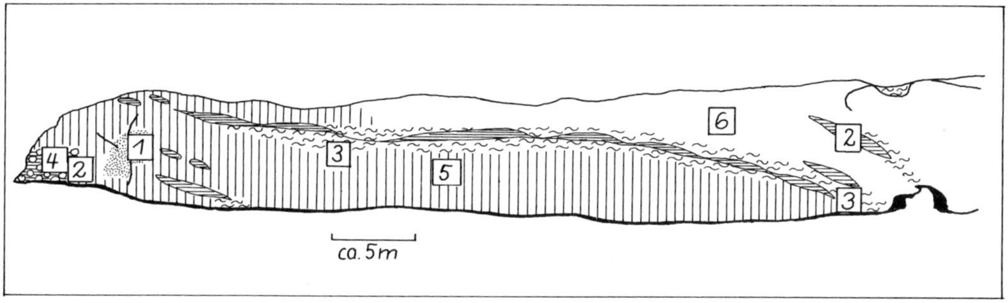

Allendorf, Aufschluß im Ulmtal, Übersicht (nach GOLDMANN, 1965, aus WEYL, 1980; verändert).
1 Kalkknotenschiefer; 2 Kalk; 3 Tonschiefer; 4 Pillow-Diabas; 5 Mandelstein; 6 dichter Diabas.

wassers dringt unterirdisch durch den Taunus und bedingt die Quellen von Selters und Biskirchen, aber auch die Hinterländer Quellen bei Biedenkopf, Eibelshausen und an der Salzböde.
Wir verzichten auf die Weiterfahrt bis nach Löhnberg und biegen schon in Biskirchen rechts ab ins Ulmtal. Etwa 500 m nach der Abzweigung der Nebenstraße nach Bissenberg führt gegenüber dem Grubenfeld Viktor links ein Weg über die Bahnstraße in einem Waldtälchen bergan nach Daberg. Eine Felsenklippe etwas nordwestlich zum sogenannten Finsteren Grund hin und ein kleiner Steinbruch ein wenig östlich zeigen „konglomeratischen Schalstein", der bereits vor Jahrzehnten entdeckt wurde. In die Lockermasse vulkanischer Herkunft sind mannigfaltige Fremdgesteine eingeschaltet, wie Quarzit, Sandstein, Massenkalk, Schiefer oder Roteisenstein. Man vermutet, daß dieses eigenartige Konglomerat sowohl durch Vulkantätigkeit als auch Verwitterungsprozesse an Gesteinen, die aus dem Randbereich der Hörre stammen, entstanden ist. Neuerdings wird es altersmäßig der Adorf-Stufe zugewiesen.
Ungefähr 500 m vor dem Ortsbeginn von **Allendorf** zweigt gegenüber einer Mühle links ein Weg ab, der bergan und über die Bahn, dann im Wald zum Grubenfeld Emma führt. Hier wurde ein Eisenerzlager abgebaut, das schon nicht mehr dem nunmehr geläufig bekannten Grenzlagerhorizont angehört, sondern etwas jünger ist. Eine vereinfachte Skizze soll die Aufschlußverhältnisse deutlicher machen (Abb. S. 128).
Die westlich von Allendorf liegenden Gruben auf Basalt und Ton künden bereits den tertiären Westerwald an. Unter Verweis auf die Exkursionen III, IV und XI kann auf einen Besuch jetzt verzichtet werden. Stattdessen wenden wir uns im Ort ostwärts und überqueren den Ulmbach, um dort linkerhand ein interessantes Profil zu studieren (Abb. oben). Noch einmal tritt Diabas zutage, zunächst als Diabas-Mandelstein oder an der Westflanke des Profils als Pillow-Diabas, wo auch Kalkknotenschiefer eingeschaltet sind. Nach einer Zwischenlage aus Tonschiefer und Kalk folgt dichter Diabas.
Eine Fortsetzung der Exkursion nordwärts würde uns wieder in den Bereich des Hörre-Systems (Exkursion IV) führen. Da die Weiterfahrt ohnehin über **Holzhausen** nach Katzenfurt (B 277, A 45) führen wird, mag man hier noch einmal anhalten, um nördlich am Weg zur Ulmtalsperre die bankigen Grauwacken, zum Teil mit eingeschalteten Plattenkalken (Nehden-Hemberg), an der östlichen Talseite in Augenschein zu nehmen. An der Straße nach Greifenthal sind diesen Grauwacken Tonschiefer aufgeschoben. Hier macht sich die zwischen Niedershausen und der Maienburg anhebende Weidbacher Überschiebung bemerkbar.

Exkursion VIII: Weilburg und Umgebung

Siegfried RIETSCHEL, der sich sehr eingehend mit der Geologie des mittleren Lahntroges befaßt hat (1966a), lieferte auch erstmals die Konzeption für eine geologische Exkursion nach Weilburg. Dort sind mitteldevonische bis unterkarbonische Schichten natürlicherweise in großer Mannigfaltigkeit oder durch Steinbrüche gut aufgeschlossen. Deshalb war die Umgebung dieser Stadt eine der frühesten Forschungsschwerpunkte der Devongeologie.

Orientierungsskizze zu Exkursion VIII

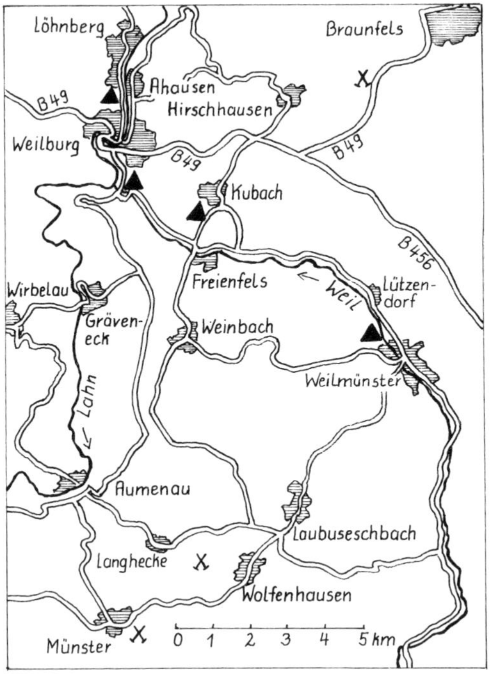

In Zusammenarbeit mit dem Westerwald-Verein und dem Weilburger Verkehrsverein wurden auf RIETSCHELS Anweisung an 22 Punkten des Stadtgebietes Tafeln mit geologischen Hinweisen angebracht. Den verbindenden Text veröffentlichte RIETSCHEL im gleichen Jahr wie seine Forschungsergebnisse. Leider drang sein Exkursionsvorschlag bisher kaum in die breitere Öffentlichkeit. Auch in Weilburg selbst sind weder ein handlicher Führer noch wenigstens ein Faltblatt für diese hochinteressante Exkursion zu haben. So sah es der Verfasser als dringlich an, RIETSCHELS Anregung für den ersten Teil der Exkursion VIII zu verwerten.
Um das Nachlesen der Veröffentlichung RIETSCHELS (1966b) zu erleichtern, wird die von ihm verwendete Bezifferung der Aufschlüsse in Klammern mitangegeben. Die Exkursion umfaßt einen Fußmarsch von der Guntersau im Süden bis Ahausen im Norden, einen Besuch des Museums und Empfehlungen zu Ausflügen in die Umgebung. Auf detaillierte Wegebeschreibung wird im ersten Teil verzichtet, weil dazu der Stadtplan viel hilfreicher ist.

1. (1) Weilstraße, Guntersau: Geschichtete Lagen von Diabastuff des oberen Mittel-Devon; in der Nachbarschaft Diabastuffe des mitteldevonischen Schalsteins, die hier die Steilwände an der Straße aufbauen.
2. (2) Zeppelinfelsen: Plattige und dünnbankige Plattenkalksteine des tiefen Ober-Devon (Adorf); Spezialfaltung. – Vgl. F.O. (= Fundort) 13 (18)!
3. (3) An der „Herberge“ und am Südausgang des Lahntunnels: Rote und grüne Kalkknotenschiefer des mittleren Ober-Devon (Nehden, Hemberg).
4. (4) „Friedhofsfelsen“: Körniger Diabas; während des Unter-Karbon in das Ober-Devon eingedrungen. – Vgl. F.O. 11 (21)!

Man überquert die Lahn mit dem Rollschiff oder über den Ernst-Dienstbachsteg. Gegebenenfalls muß man bis zur Hauslei zurückgehen.

Oben: Am Gänsberg in Weilburg steht gut sichtbar Schalstein an. Das Stadtgebiet ist reich an derartigen natürlichen Aufschlüssen, die alle wichtigeren Gesteine der mittleren Lahn zeigen.

Detailskizze zur geologischen Exkursion Weilburg.

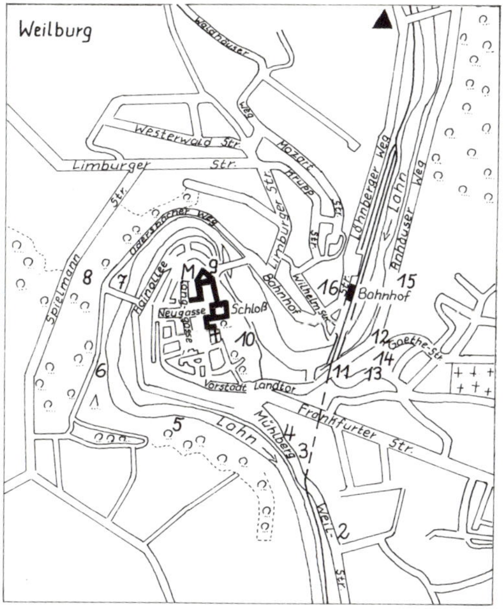

5. (5) Hauslei: Keratophyr-Felsen, stellenweise Adern von Roteisenstein und Brekzienzonen mit kalkigem Material. Das bräunlich-rötliche Gestein vulkanischer Herkunft wird in dieser Gegend auch als Lahnporphyr bezeichnet.

6. (15) Odersbacher Weg/Lahn-Uferweg: Keratophyr-Konglomerat.

7. (16) Odersbacher Weg unter dem Kanapee: Keratophyr-Tuff, oberes Mittel-Devon; gelegentlich Korallen und Stromatoporen.

8. (14) a) Kanapee: Diabas-Mandelstein in Pillowform (Kissenlava); b) Schlucht bei Steinlache: Keratophyr-Tuffe, oberes Mittel-Devon – Vgl. F.O. 16 (6)! – Vom Kanapee gute Aussicht!

9. (11, 12) Schloßfelsen: a) nahe der Steinenbrücke: dichter Diabas, oberes Mittel-Devon; b) an der Brückenmühle: Keratophyr-Tuff, oberes Mittel-Devon.

10. (13) Köppelchen im Schloßgarten (Gebück): Keratophyr, oberes Mittel-Devon.
11. (21) Südhang des Karlsberges hinter der Bahnüberführung: körniger Diabas; während des Unter-Karbon in Ober-Devon eingedrungen. – Vgl. F.O. 4!
12. (22) Nordhang Karlsberg, wie vor!
13. (18) Straße Karlsberg: Plattenkalkstein (Adorf) – Vgl. F.O. 2!
14. (19) Ende dieser Straße: Plattenkalkstein mit eingelagerter Schicht schwarzer Tonschiefer mit kalkigen Einschlüssen = Kellwasserkalk.
15. (7) Westhang des Schellhofkopfes: Diabas-Tuff, oberes Mittel-Devon.
16. (6) Gegenüber dem Bahnhof: Diabas-Mandelstein, oberes Mittel-Devon.

Mit diesem Rundgang schließt der erste Teil unserer Exkursionsempfehlung. Man sollte nun zur Altstadt hinaufsteigen und das Bergbaumuseum (S. 160) besuchen, das auch geologisch außerordentlich wichtige Information liefert.
Das Museum unterrichtet über den Bergbau vornehmlich des Lahn-Dill-Gebietes, des Westerwaldes und Vogelsberges. Im einzelnen sind dargestellt: Fördermittel, Geologie des Lahn-Dill-Gebietes, Vor- und Frühgeschichte, Erzeugnisse der heimischen Hütten, Grubengeleucht, Markscheidewesen, bergbauliche Kultur, Tonbergbau und -verarbeitung, Weilburger Steingut, Westerwälder Irdenware, Stadtgeschichte, Bergbaugeschichte, insbesondere der letzten Gruben des Lahn-Dill-Gebietes, Grubenrettungswesen, Bohr- und Sprengarbeit, Dachschieferbergbau, Kalibergbau in Hessen, Erdölgewinnung und -verarbeitung. Vielleicht die Krönung bildet die wertvolle mineralogisch-lagerstättenkundliche Sammlung. Ferner kann eine gut ausgestattete Schaustollenanlage während der Öffnungszeiten besichtigt werden. Darin ist ein kleines Erzbergwerk realistisch nachgebaut worden, mit Bohr- und Sprengarbeit, Schüttelrutsche, Grubensumpf, Lademaschine und Schachtfüllort. Die Signal- und Meldeanlage kann der Besucher eigenhändig betätigen. Angeschlossen ist der Tiefe Stollen, der nur gruppenweise unter Führung und nur zu bestimmten Zeiten bei Sondereintrittsgebühr besichtigt werden kann. Voranmeldung ist erwünscht. Das Museum stellt ihn so dar:
„Ausgebaut wurde die Anlage durch das Auffahren eines etwa 40 m langen Stollens, in dem weitere Maschinenaggregate betriebsbereit aufgestellt sind: Komplette Trommelfördermaschine – eine der letzten in Hessen – wird mit allen Nebenanlagen betriebsbereit vorgeführt. Durch einen weiteren Stollen, von dem man auch in einen alten ca. 30 m langen Fluchtstollen klettern kann, gelangt der Besucher zu einem Bohrbetriebspunkt. Ein großes Bohrgerät mit Bohrgestänge, das hoch oben im Gestein steckt, wird vorgeführt. Durch einen Durchgang kommt man zu einem Schrapperabbau, bei dem die Funktion und der Betrieb eines Schrapperhaspels vorgeführt werden. Hier erlebt der Besucher die echte Atmosphäre unter Tage. Die Stollen wurden originalgetreu wie in den früheren heimischen Erzbergwerken in Holz (deutscher u. polnischer Türstock) ausgebaut. Den ‚Tiefen Stollen' erreicht man von einem kleinen Schaustollen über eine Fahrte (Leiter) durch den ‚Friedrich-Blindschacht'. Der eigentliche Abstieg befindet sich im ‚Haspelraum', den man vom kleinen Schaustollen aus durch eine Verlängerung erreicht, in der verschiedene Pumpensysteme zu sehen sind. Im Haspelraum wird eine Kübelförderung mit elektrischem Förderhaspel vorgeführt. Im Tiefen Stollen sind dann ebenfalls Signalgeräte, Fernsprechanlagen, Untertagefunk, Personenrufanlage, Strebverständigungsgeräte sowie andere Nachrichtenmittel und eine Wasserhaltung in Betrieb."
In Anbetracht dieser reichen Ausstattung nimmt das Weilburger Museum zweifellos eine zentrale Bedeutung innerhalb unseres Exkursionsgebietes ein. Ohne damit die Rolle der anderen Museen herabsetzen zu wollen, rechtfertigt das die eingehendere Beschreibung. Abgesehen von dem Museum in Sie-

Die Hauslei in Weilburg ist nicht nur ein lohnender Aussichtspunkt, sondern auch Beispiel, wie die Lahn hier durch Keratophyr-Felsen (Lahn-Porphyr) in ein enges Bett gezwängt wird.

Der 1847 erbaute Schiffahrtstunnel in Weilburg ist einmalig für Deutschland. Am Südausgang stehen rote und grüne Kalkknotenschiefer des mittleren Ober-Devon an.

gen (S. 160) liegt die Bedeutung der übrigen mehr im örtlichen Rahmen. Darin sind sie unverzichtbar und immer eines Besuches wert!

Abschließend sei eine Rundfahrt außerhalb von Weilburg vorgeschlagen.

Am Ausgangspunkt unseres Fußweges durch die Stadt, in der Guntersau, biegt man links ab in das Weiltal. Dieses bildet einen tiefen Einschnitt durch den sogenannten Schalstein-Hauptsattel, der hauptsächlich aus obermitteldevonischen Erguß- und Tuffitgesteinen aufgebaut wird. Eingelagert sind oft Kalklinsen. Sie und die Pillow-Strukturen der Diabase sind augenfällige Indizien dafür, daß sich dieses Gestein untermeerisch ausgebildet hat. Im einzelnen konnten wir das Gestein beim Rundgang durch Weilburg genau beobachten.

Kurz vor Freienfels biegt man links ab nach **Kubach.** Hier weisen Schilder den Weg zur sogenannten Kristallhöhle. Es handelt sich um ein System von Hohlräumen im Massenkalk mit zum Teil schönen Tropfsteinbildungen. Sie war schon Ende des vergangenen Jahrhunderts beim Phosporit-Abbau (vgl. Exkursion IX) zufällig entdeckt worden, später aber wieder in Vergessenheit geraten. Vor etwa zehn Jahren wiederentdeckt, hat man sie schrittweise für den Tourismus erschlossen (S. 160). Sieht man von dem auf Massengeschmack abgestellten Beiwerk ab, so erhält man doch einen guten Einblick in die verschiedenen Karsterscheinungen im Kalk. Innerhalb unseres Exkursionsgebietes ist das Kubacher Höhlensystem neben dem von Erdbach (Exkursion IV) das einzige.

Zurück ins Weiltal folgt man diesem weiter bis nach Weilmünster. Geologisch gesehen bewegen wir uns hier im Grenzbereich zwischen Lahn-Mulde und Taunus, zwischen Unter- und Mittel-Devon. Diese südliche Randfazies der Lahn-Mulde wird durch schwarze, an der Luft ausbleichende Tongesteine charakterisiert, denen gelegentlich kleine Bänke oder Linsen aus Kalk eingelagert sind. Stellenweise ist das Tongestein gut geschiefert. Bei **Lützendorf** erinnern alte Halden an die Gewinnung von Dachschiefer.

Hier fährt man nun rechts ab in Richtung **Laubuseschbach** bis zur Abzweigung nach Rohnstadt. Gegenüber führt ein für den allgemeinen Verkehr gesperrter Weg in den Wald, der nach etwa 1 km die Halden der ehemaligen Grube Mehlbach erreicht. Hier sind die eben genannten Tongesteine von magmatischen Gesteinen, durchweg Diabas, Schalstein und Tuffen, durchsetzt. Der Magmatismus seinerseits hatte die Ausbildung von Roteisensteinlagern und Blei-Zink-Kupfer-Erzgängen hydrothermaler Entstehung zur Folge. Die einstige Grube baute Bleiglanz, Kupferkies, silberhaltiges Mischfahlerz und Rotgültigerz ab. Die Gangart besteht aus Dolomit, Calcit, Quarz und Ankerit mit Einschlüssen von Diabas und Tonschiefern. Ein Teil des Haldenmaterials ist abgefahren worden oder zugewachsen. Anschnitte an Haldenresten erlauben es, bescheidene Belegstücke der Erzmineralien und

Gangarten, zum Teil auch auskristallisiert, aufzulesen. In der Literatur werden auch Malachit, Azurit und Mennige von diesem Fundort genannt (WILKE, 1979).
Von Laubuseschbach folgt man der Straße in Richtung Oberbrechen. Etwa 2 km nach Wolfenhausen hin liegen südlich der Straße im Wald die Halden der früheren Grube Lindenberg, deren Erze aus technischen Gründen gefragt waren. Mineralogisch sind die großartigen Kristallstufen bekannt geworden, die unter dem Namen des Fundortes oder dem der nahen Ortschaft **Münster** nicht selten in Sammlungen zu finden sind. Heute geben die Resthalden kaum noch Aufbewahrenswertes her.
Man fährt zurück zur Abzweigung nach Aumenau, der man bis vor **Langhecke** folgt. Südöstlich liegt etwas bergan die Halde der Grube Alter Mann und fast 1 km weiter in Richtung Wolfenhausen die der Grube Rote Küppel, die beide stillgelegt sind. Silber, Blei, Kupfer und Eisen wurden gefördert. Die Erzgänge setzten in Grauwacke auf und setzen sich in den Schalstein und den geschieferten Diabas fort. Meist waren Quarz und sogenannter Braunspat Gangart, mitunter auch Calcit. Die geschilderten Verhältnisse gelten auch für die Grube Lindenberg bei Münster. Belegstücke der Erzmineralien und der Gangart sind noch zu finden. Ferner werden Zinkblende, Pyromorphit, Aurichalcit, Roteisenstein und Limonit, ja sogar Mennige gemeldet. Das Betreten der Halden geschieht auf eigene Gefahr.
Die Dachschieferbrüche von der Langhecker Hütte sind überregional bekanntgeworden. Die schwarzblauen Tonschiefer fielen uns bereits im Weiltal auf. Hier nun vermitteln sie bereits zwischen dem Schalstein der Lahn-Mulde und den rheinischen Spiriferen-Sandsteinen.
Über Aumenau und Seelbach fährt man bis **Grävenneck,** wo die Grube Schotterbach ein Brauneisenstein-Manganerzlager ausbeutet. In eisenschüssigem Gestein mit Calcitadern soll Pyrolusit (Wad) vorkommen. Auf freiem Feld bei der Schnellstraße nach Weilburg dürften, ähnlich wie im Limburger Becken (vgl. Exkursion IX), gelegentlich Phosphorite zu finden sein. Sucht man nördlich von Weilburg den Anschluß an Exkursion VII, so verdienen auf dem Weg

Am Zeppelinfelsen strandete das Luftschiff Z II. Plattenkalksteine des tiefen Ober-Devon bauen ihn auf.

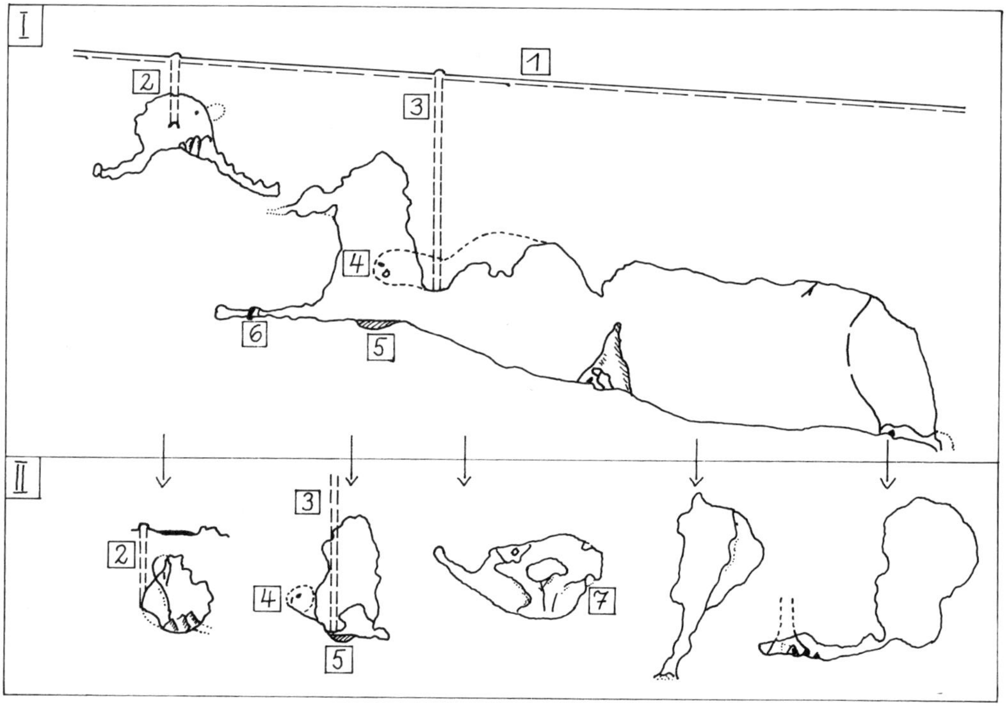

I. Schnitt durch die Kristallhöhle in Weilburg-Kubach (Vorlage: Höhlen-Führer, veränd.).
1 Straße; 2 Schacht I; 3 Schacht II; 4 „Fenster"; 5 „See"; 6 Quelle; 7 Tropfsteine.
II. Die kleineren Abbildungen zeigen die jeweils markierten Öffnungen um 90 Grad gedreht.

nach Löhnberg einige Aufschlüsse Beachtung, die auch bei Rietschel (1966b) erwähnt sind. Das Profil an der Straße erschließt eine Serie von oberdevonisch-unterkarbonischen Schichten. Nördlich der Ahäuser Brücke beginnt die Abfolge mit Kalkknotenschiefern und Nierenkalksteinen der Hemberg-Stufe, die von körnigem Diabas durchzogen sind. Es folgen graue Tonschiefer (Dasberg/Wocklum, später Unter-Karbon). Steil aufgerichtet, fallen sie beim Vorbeifahren sofort auf. Etwas körniger Diabas wird schließlich abgelöst von Kieselschiefern mit eingesprengten Phosphoritknollen, ein untrügliches Merkmal für diese liegenden Alaunschiefer, wie sie auch bezeichnet werden. Es folgen dann wieder Flaserkalksteine der Hemberg-Stufe (8), Rote Kalkknotenschiefer und Tonschiefer der Nehden-Stufe (9).

Nun wird links ein großer Steinbruch sichtbar, an dem man unbedingt Halt machen sollte. Über körnigem Diabas liegen graue Plattenkalke und Kellwasserkalk des Adorf, darüber Rotschiefer des Nehden. Ostrakoden kommen reichlich vor, dazwischen mitunter auch Brachiopoden oder gar Reste von Trilobiten.

Exkursion IX: Limburger Becken

Inmitten des Schiefergebirges hat die tektonische Einsenkung des Lahntales bei Limburg eine sehr deutlich abgrenzbare Landschaftseinheit herausgebildet. Am Nord- und Südrand bildet Unter-Devon von der Ems-Stufe den Untergrund, in der Beckenmitte sind Diabas und Schalstein verbreitet. Ferner folgt ein obermitteldevonischer Massenkalkzug der Laufrichtung des Limburger Lahntales. Ganz im Norden bezeichnen Basaltvorkommen den ansteigenden tertiären Westerwald. Mineralogisch ist der Massenkalk von Bedeutung, da sich in den Karstbildungen seiner Oberfläche Phosphorite absetzen konnten. Der Vergleich zu den Vorkommen an manganhaltigem Brauneisenstein in der östlichen Lahn-Mulde liegt auf der Hand.

Von Limburg geht es nach Diez und weiter nach **Altendiez.** Kurz vor dem Ort ist links zur Lahn hin ein großer Steinbruch. Hier werden mitteldevonische Massenkalke abgebaut. Es handelt sich um graues bis grauweißes Gestein. Kiese und Sande überdekken den Kalk oft in mächtigen Lagen oder verfüllen die Dolinen; entsprechend fällt beim Abbau viel Ab-

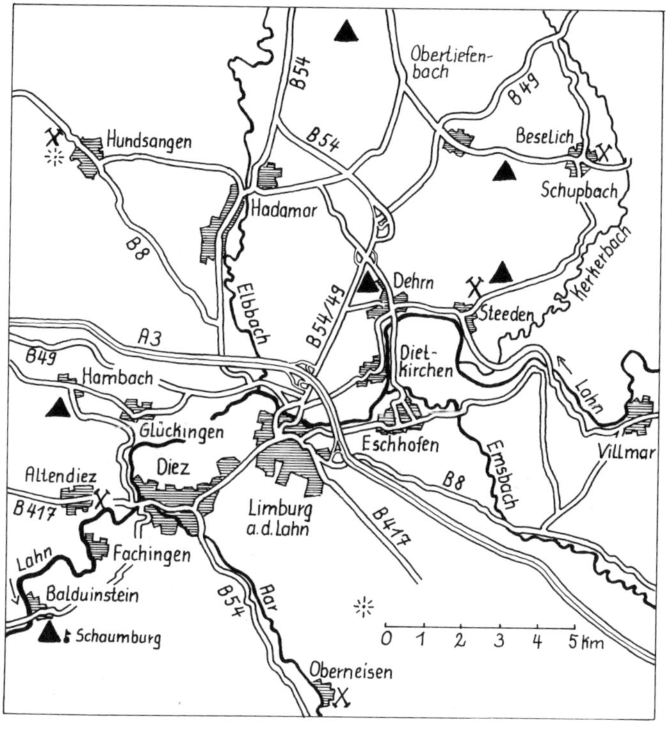

Orientierungsskizze zu Exkursion IX

raum an. Der weitflächige Tagebau offenbart die ganze Ausdehnung des hiesigen Massenkalkvorkommens. Die Stelle markiert in mehrfacher Hinsicht aber auch eine Grenzsituation. Geographisch befinden wir uns am Rand der offenen Flachlandschaft des Limburger Beckens, das nun bald wieder in das enge Erosionstal übergeht, wie es auch die mittlere Lahn kennzeichnet. Geologisch sind die vulkanischen Gesteine (Keratophyre, Diabase und Diabas-Tuffe), die fast ständig den bisherigen Weg begleitet haben, zurückgetreten, was erst recht für die unterdevonischen Schiefer und Quarzite gilt, die dann an der unteren Lahn das Bild bestimmen werden.

An der Straße von Altendiez nach Holzappel tritt nach etwa 500 m, kurz vor Erreichen des Langbaches, Keratophyr morphologisch im Gelände in Erscheinung. Die Felsbildung und ein kleiner Bruch gestatten es, das Gestein näher in Augenschein zu nehmen. Es ist reich an Einsprenglingen aus Feldspat; es wurden auch solche aus Pyroxen vermutet. Über den Keratophyr wird am Schluß von Exkursion XI (Westerwald) noch etwas zu sagen sein.

Man fährt zurück und nördlich der Lahn über Aull nach **Gückingen** oder **Hambach.** Spaziergänge auf den Feldwegen zwischen beiden Orten können die Nachsuche nach Steinen mit Krusten oder Einschlüssen von Phosphorit erfolgreich machen. Landwirtschaftlich genutzte Äcker oder umzäuntes Gelände wird man auf keinen Fall betreten!

Zurück über Staffel, dessen Name im Staffelit weiterlebt, geht es über die B 8 bis **Hundsangen.** Auf seiner Gemarkung vollzieht sich der Abbruch des tertiären Westerwaldes zum Limburger Becken. Östlich des Ortes ragt der Ölberg (344 m) weithin sichtbar empor, dessen Silhouette durch den Basaltabbau ein bizarres Aussehen erhalten hat. Der gewaltige Steinbruch kann, ohne den Arbeitsbereich betreten zu müssen, von Fußpfaden entlang der Bruchkante gut eingesehen werden. Es lassen sich

Diabastuff (Schalstein) von Runkel/Lahn.

Phosphorit, Glückingen bei Diez/Lahn.

verschiedene Richtungen in der Anordnung der Säulen feststellen.

Von Hadamar läßt sich ein Abstecher zum 4 km nördlich gelegenen Naturschutzgebiet Heidenhäuschen (bis 398 m) unternehmen. Von **Oberzeuzheim** aus erwandert man den basaltischen Höhenzug, der hier einen Eckpfeiler des tertiären Westerwaldes bildet. Das Gestein tritt am Hauptgipfel in mächtigen Blöcken, am steilen Südhang als Felsenmeer auf. Über Hadamar, Nieder- und Oberweyer gelangt man nach **Obertiefenbach** und von dort zum östlich gelegenen Beselicher Kopf. Im Steinbruch links vom Weg in Richtung Kapelle ist Basalt aufgeschlossen. Auf dem Gipfel hat man eine bestimmte Form von Basalttuff feststellen können, die als Palagonit-Tuff bezeichnet wird und hier selten vorkommt.

Hinter **Schupbach** wird in einem Steinbruch schwarzer Lahnmarmor gewonnen. Die Stelle ist in etwa charakteristisch für das mittlere Lahngebiet: Massenkalk aus dem oberen Mittel-Devon bildet geschichtete Bänke, die meist von Korallen und Stromatoporen aufgebaut wurden. Als leitender Brachiopode tritt *Stringocephalus burtini* auf. Durch verschiedene Bitumen- und Kohlenstoff-Einlagerungen ist die Grundfarbe nach graublau bis schwarz verändert. Das polierfähige Gestein wird als Marmor in den Handel gebracht. Im Kerkerbachtal bestehen mehrere Brüche. Die entsprechenden Erzeugnisse aus dem Gebiet von Runkel und Villmar genießen einen ausgezeichneten Ruf.

Man setzt den Weg fort über Niedertiefenbach, am Stausee vorbei bis zu den Kalkbrüchen bei **Steeden.** Zuvor meldet man sich im Kalkwerk an der Lahntalstraße an und erkundigt sich nach den Bedingungen für das Betreten der Steinbrüche. Über den zum Teil dolomitisierten Kalk wurden in dem nach Niedertie-

Am Nordrand des Limburger Beckens markiert der Ölberg bei Hundsangen die Grenze zum Westerwald. Seine sechskantigen Basaltsäulen erreichen eine Höhe bis zu 40 Metern.

fenbach zu liegenden Kalk Manganerze angereichert, die von Ton, Lehm und Kiesgeröll überdeckt sind. An Mineralien hat man Psilomelan, Pyrolusit und Manganit finden können. Aus den älteren Brüchen liegen zum Teil gutausgebildete Stufen der gerade genannten Mineralien sowie von Calcit und Dolomit vor, ferner Eisenrahm und angeblich auch Hausmannit. Besonders die Kontaktzone Calcit/Dolomit sollte auf Mineralien untersucht werden. Manganite können aber auch an den Feldrainen mit einiger Aufmerksamkeit aufgelesen werden.

Dem Kalkabbau sind leider die „Steedener Höhlen" geopfert worden, die durch prähistorische Funde außergewöhnliche Bedeutung erlangt hatten. Darüber besteht eine umfangreiche Literatur. Die Funde werden größtenteils im Museum in Wiesbaden (S. 161) aufbewahrt.

Man folgt der Lahntalstraße nach **Dehrn.** In den Felsen unterhalb des Schlosses konnten gleichfalls Phosphorite gefunden werden. Damit entpuppt sich auch dieser Felsklotz als Kalkgestein der oben beschriebenen Art. Wie Adel und Kirche diese Schöpfungen der Natur für ihre strategischen Zwecke oder weltanschaulichen Ansprüche ausgenutzt haben, erlebt man noch eindrucksvoller lahnabwärts in Dietkirchen und Limburg.

In Limburg folgt man der B 54 ins Aartal bis **Oberneisen.** Der Schieferuntergrund ist in diesem Teil des Limburger Beckens größtenteils von Löß verdeckt, tritt aber stellenweise zutage, wie etwa östlich im Mensfelder Kopf (314 m). An dieser Stelle mündet ein von Katzenelnbogen über Hahnstätten ziehendes Vorkommen von Massenkalk, das von einem Eisensteinlager begleitet wird. Das Liegende wird von Lahnporphyr gebildet, das Hangende von Kieselschiefern, unter denen auch Porphyr-Tone vorkommen. Die ehemalige Grube Rothenberg am Südostrand des Ortes (Richtung Netzbach) beutete das Erz aus. Die Halden sind schon größtenteils eingeebnet oder begrünt. Dennoch konnten bis zuletzt noch bescheidene Funde gemacht werden. Gemeldet wurden von dieser Stelle und aus dem Grubenfeld Seitersfeld: Haematit als Glaskopf, Specularit, Limonit, Dolomit, Calcit, Rhodochrosit, Pyrolusit und Phosphorit.

Exkursion X: Untere Lahn

Bald nach Diez beginnt sich das Tal der Unteren Lahn tief in das Schiefergebirge einzusenken und in zahllosen Mäanderschlingen, mit Gleit- und Prallhängen zum Rhein zu ziehen. Das läßt gute, von der Natur geschaffene geologische Aufschlüsse erwarten. Gangvorkommen machen dieses Gebiet zudem auch mineralogisch bedeutend. Die Route beschreibt den mit eigenem Fahrzeug zurückzulegenden Weg. Es ist sinnvoll, die Strecke zusätzlich mit der Bahn zu machen und weitere Halte einzuschieben.

Von Limburg geht es über Diez nach **Balduinstein.** Bereits ab Fachingen verengt sich der bis etwa Laurenburg zu rechnende erste Talabschnitt geradezu cañonartig bei einer Tiefe von 100 bis 180 m und einer nur 600 m breiten lichten Oberweite zwischen den scharfen Abbruchkanten. Die Steilwände sind aus Hunsrückschiefern, Tonschiefern und Grauwacken der unterdevonischen Ems-Stufe sowie an der südlichen Talflanke mehrmals noch aus Diabas und Schalstein aufgebaut, wobei letztere nun zunehmend zurücktreten. Auch der Massenkalk hat hier nur bei Fachingen und Balduinstein kleine Vorkommen. Basalt steht isoliert bei Geilnau, Lahn-Keratophyr bei Steinsberg an. Unterhalb der Burgruine Balduinstein, wo der Burgweg von der Dorfstraße abzweigt, ist ein Profil aufgeschlossen, das allerdings stellenweise durch Mauerwerk verdeckt wird. Es handelt sich um die früher so genannten Buchenauer Schichten des Ober-Devon, Serien kalkig-vulkanischen Gesteins. Man kann an dieser Stelle sehr gut eine solche rasch wechselnde Schichtenserie sehen. Im Hangenden ist Massenkalk mit Schalstein verzahnt. Es folgen Diabastuff und dann in stetem Wechsel Keratophyr-Tuffe und Kalke mit sehr unterschiedlicher Beschaffenheit. Sie sind ins Adorf zu stellen, während im Liegenden noch Mittel-Devon ansteht. Man sollte bis zur Schaumburg weiterfahren, um sich von dort oben einen Eindruck vom lebhaften Ober-

Orientierungsskizze zu Exkursion X

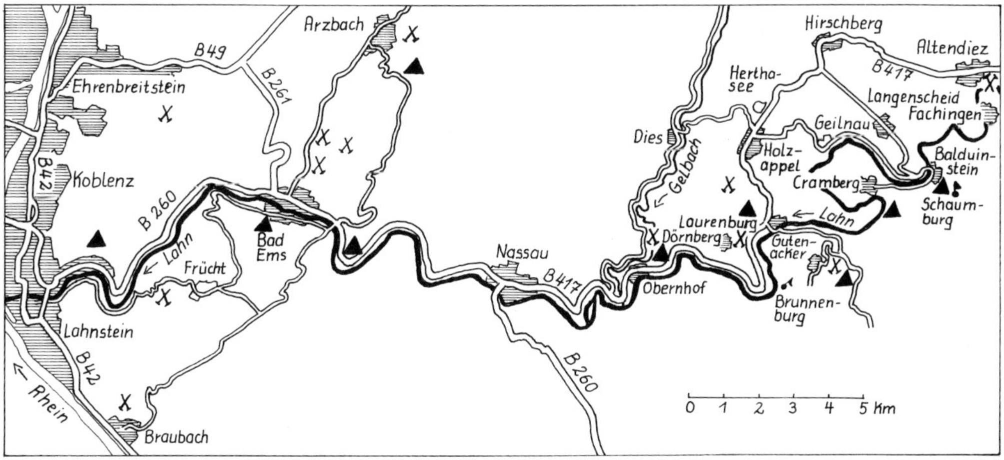

flächenrelief dieser Gegend zu verschaffen, die hier schon zum Taunus gehört. Im Westen beschreibt die Lahn eine enge Schlinge um Cramberg. Der Hals dieser Lahnschlinge bezeichnet die Nordgrenze einer tektonischen Untereinheit der Lahn-Mulde, der Schaumburger Mulde. Ihre Achse verläuft von Fachingen über die Schaumburg bis nach Steinsberg, wo sie dann noch im Rupbachtal bemerkt werden kann, ehe sie südlich der Brunnenburg aushebt. In diesem Bauteil des von uns bereisten Schiefergebirges sind noch einmal in größerem Stil mittel- und oberdevonische Gesteine in das nunmehr vorherrschende Unter-Devon eingemuldet. Würde man also die Exkursionen in der umgekehrten Reihenfolge durchführen, könnte von hier an das Einlesen in die jüngeren Devonschichten beginnen.
Balduinstein und Schaumburg sind noch vorwiegend vom Ober-Devon geprägt. So stehen etwa Adorfer Kalke in der Haarnadelkurve über dem Thalhof an. Sofern man über genügend Zeit verfügt, sollte man eine Bootsfahrt um die Cramberger Lahnschlinge in Erwägung ziehen. Die Strecke ist etwa 7 km lang. Am Schlingenhals sind die beiden Abschnitte des Lahntales nur 700 m voneinander entfernt. Etwas länger ist ein Tunnel, durch den Lahnwasser bei einer Fallhöhe von insgesamt 8 m einem Kraftwerk zugeführt wird. Die Flanken dieser „Cramberger Halbinsel" werden von Vallendarer Schichten (mittleres Unter-Ems) und Nellenköpfchen-Schichten (Oberes Unter-Ems) aufgebaut. Doch belebt sich nach der Schleuse Scheid schon wieder das geologische Bild durch eingeschaltete Hohenrheiner Schichten, bis sich dann ab dem Schlingenhals die Schaumburger Mulde mit ihren mitteldevonischen Füllungen bemerkbar macht. Imposant erhebt sich in der Nähe des Kraftwerkes der Gabelstein (Naturschutzgebiet), der aus mitteldevonischem Schalstein aufgebaut ist.
Man kann diese Stelle auch auf der Weiterfahrt von Balduinstein nach **Cramberg** anstreben. Belohnt wird die Mühe durch einen der schönsten und zugleich lehrreichsten Ausblicke auf das Lahntal. Südöstlich von Cramberg, wo die Straße beim Gabelstein eine Haarnadelkurve beschreibt, ist an der Südwestseite der Böschung Diabas-Mandelstein (Eifel/Givet) zu sehen, der von feinschichtigem Diabas-Tuff überlagert wird. Im Steinbruch am Gabelstein hat die Decke aus Diabas-Mandelstein sogar Pillowstrukturen ausgebildet.
Von Balduinstein fährt man auf jeden Fall die Lahn entlang bis **Geilnau.** Oberhalb des Ortes sind noch Reste der Grubenbahn zu erkennen, die den auf der Westerwaldseite gewonnenen Basalt zur Verschiffung heranführte. Am Lahnufer entspringen zwei gefaßte Mineralquellen. Die eine ist stärker schwefel-, die andere eisenhaltig, beide haben einen hohen Kohlendioxidgehalt. Hier wird an das erinnert, was anläßlich der Exkursion VII zu Selters (S. 128) gesagt wurde. Auch im Verlauf dieser Exkursion berühren wir einige mehr oder weniger ergiebige Mineralquellen: nordwestlich von Balduinstein die Quelle Fachingen, bei Laurenburg die vom Häuser-Hof und schließlich die berühmten Emser Quellen.
Von Geilnau geht der Weg weiter nach **Holzappel.** Selbst Goethe ließ es sich nicht nehmen, eigens von Wiesbaden in diese Gegend zu reisen, um die damals aufsehenerregenden Mineralfundpunkte zu besuchen. Die Holzappeler Gruben setzen auf einem jener Gangzüge auf, die die östliche Grenze des Erzreviers der unteren Lahn bilden. Seine Aufteilung in zwei Gangspalten bedingt in Holzappel zwei Grubenfelder. Das eine liegt südöstlich von Charlottenberg an der Straße von Zechenhof nach Holzappeler Hütte sowie dort an der Straße nach Laurenburg, das andere befindet sich an der Lahntalstraße südwestlich von Laurenburg.
Die älteste Gangfüllung besteht aus Siderit. Ferner kommen Bleiglanz, Pyrit, Zinkblende und Kupferkies vor. Erzmikroskopisch wurden Fahlerz, Bournonit, Ullmannit, Gersdorffit, Cerussit, Pyromorphit, Azurit, Malachit, Nickelin, Kobaltnickelkies, Millerit, Silber, Gold, Wismutglanz und Magnetkies nachgewiesen. Die Verwandtschaft mit den Mineralvorkommen der Emser Gruben ist offenkundig. Eine Gesamtübersicht zu beiden Fundorten bietet

Goethehaus in Holzappel, wo der Dichter 1815 wohnte, um petrographische und mineralogische Studien anzustellen.

HOTEL
HOLZAPPEL
CHARLOTTENBERG
DÖRNBERG
DURCH ERRICHTUNG DIESES
BRUNNENDENKMALS IN ERINNERUNG
AN DAS ALTE WAHRZEICHEN DES
HOLZAPPELER LANDES EHRT DIESES
SEINE RUHMREICHEN KRIEGER AUS DEN
KÄMPFEN UM DIE DEUTSCHE EINHEIT

die beigefügte Tabelle (S. 165). Gangart war Quarz, dazu Calcit und Ankerit. Grauwackenschiefer des oberen Unter-Devon bilden das Liegende und Hangende.

Die schönen Stufen in Museen und Sammlungen wurden alle im Verlauf des Abbaus vor Ort aufgesammelt. Auf den Halden war auch während der Bergbauzeit nur geringwertiges Material zu erwarten. Die Halden bei der Holzappeler Hütte sind nur noch teilweise unbebaut und zugänglich. Man will dort Azurit und Malachit gefunden haben. Mehr bieten die großen Halden an der Lahn, wo die Haupterze und die Mineralien der Gangart, zum Teil sogar in XX, noch aufgelesen werden können.

Um die ausstreichende Schaumburger Mulde noch einmal zu beobachten, muß man von **Laurenburg** die andere Lahnseite gewinnen und lahnaufwärts bis zum Rupbachtal fahren, falls man nicht schon von der Schaumburg aus über Wasenbach dieses Ziel angesteuert hat. Es ist die Lahnschlinge, die solche Umwege erzwingt.

Interessant sind hier die ehemaligen Dachschiefergruben, darunter die Grube Mühlberg, die auch in den topographischen Karten verzeichnet ist. Es handelt sich um Wissenbacher Schiefer verschiedener Färbung, die von hellgrün über blau bis rötlich reichen kann. Sie sind hier praktisch fossilleer und unterscheiden sich nur durch diese Tönungen. Dafür kann man im Schiefer Pyritkonkretionen finden. Am Ausgang des Rupbachtales zum Lahntal stehen Schiefer der Kondel-Gruppe (oberes Ober-Ems) und damit das Unter-Devon an.

Zur Weiterfahrt biegt man unterhalb Holzappel rechts ab nach **Dörnberg.** In einer ausladenden Rechtskurve öffnet sich links das Haldengelände und gestattet einen Ausblick auf den Endabschnitt des Balduinsteiner Lahntales, dem wir bisher gefolgt sind. An der anderen Straßenseite steht das Ems in bizarren Felsbildungen an.

Zwischen Dörnberg und Charlottenberg stellt man an dem letzten Waldzipfel das Fahrzeug ab und folgt dem markierten Fußweg südwärts zum Goethepunkt. Man überblickt von den Klippen den Mündungsbereich des stark mäandrierenden Gelbaches in die Lahn.

Über Charlottenberg gelangt man in das Gelbachtal bei Dies und folgt auf kurvenreicher Straße dem Bach zur Lahn. Das sich mehrfach stark verengende Tal bietet natürliche Aufschlüsse. Der Bach hat stellenweise begonnen, Umlaufberge herauszupräparieren. Bald sind links die Halden der Weinährer- und Obernhofer Hütte sowie der ehemaligen Grube Leopoldine-Louise zu bemerken. Sie setzen auf dem Holzappeler Gangzug auf. Auch hier wurden Blei-Zink-Erze, daneben Silber, gewonnen. Die Gangfüllung besteht aus Bleiglanz, Zinkblende, Kupferkies, Pyrit und Eisenspat; als Gangart liegt Quarz vor. Es sind noch Haldenfunde der Erzminerale möglich.

Gegenüber **Obernhof** beginnt unterhalb von Kloster Arnstein das Dörsbachtal, meist auch Jammertal genannt. Der Wanderweg bis zur Dennermühle ist landschaftlich sehr schön, wenngleich geologisch nicht gerade sehr abwechslungsreich. Es stehen Folgen von Tonschiefern und Sandsteinen an, die hier durchweg den Singhofener Schichten zugehören. Gelegentlich sind die monotonen Folgen durch eingelagerte Porphyroidtuffe unterbrochen. Der Name mag andeuten, daß es sich um ein Gemisch aus vulkanischen Lockerprodukten und nichtvulkanischem Gesteinsmaterial handelt. Diese Einschaltungen können Mächtigkeiten bis zu 20 m erreichen.

Die Weiterfahrt lahnabwärts führt nun bis vor Bad Ems durch den als Nassauer Lahntal bezeichneten zweiten Talabschnitt. Die Steilhänge fallen über 200 m tief bis zur Talsohle. Am Wege stehen durchweg Ems-Schichten (Tonschiefer, Quarzite) und Hunsrückschiefer an. Mitteldevonische Schichten sind unterhalb Laurenburg kaum noch vorhanden. Im Nassauer Sattel hat auch unteres Unter-Devon Anteil am Aufbau der Landschaft.

Bei Bad Ems weitet sich das Tal und bildet bis zur Lahnsteiner Pforte zum Mittelrheintal seinen letzten Abschnitt.

Ehe man in das Stadtgebiet von **Bad Ems** fährt, sollte man rechts abbiegen in Richtung Kemmenau und dann den rechts abzweigenden Weg auf die Bäderlei zum Concordiaturm wählen, da sich von hier eine orientierungsreiche Rundsicht über die Stadt und ihre Umgebung bietet. Der markierte Fußweg (C), der von der Unteren Grabenstraße in die Höhe führt, berührt Vertiefungen (u. a. die sogenannten Heinzelmanns Höhlen), die wohl als alte Strudellöcher am Prallhang der Lahn gedeutet werden müssen. Die Bäderlei markiert das Höhenniveau der Mittelterrasse der Lahn, die sich in einer Durchschnittshöhe von 260 bis 220 m nach Westen über Bismarckhöhe, Seiterich und Ehrlich, Sonnenfels und Plätte fortsetzt. Die Hochterrasse ist bei dem Ort Kemmenau in etwa 380 m erreicht.

Durch seine alkalisch-muriatischen Quellen hat Ems früh als Badeort Bedeutung erlangt. Sie liefern Thermalwässer mit Temperaturen von 24,0 bis 57,3 °C. Geologisch gesehen handelt es sich um Spalt- oder Verwerfungsquellen, die an Verwerfungslinien empordringen, vergleichbar denen von Wiesbaden, Schlangenbad und Bad Schwalbach.

Der vielleicht bis in die Römerzeit zurückreichende Erzbergbau an der unteren Lahn baut auf dem Emser Gangzug. Der Namen deckt einen auf 16 km sich erstreckenden Bereich einzelner SW-NNE streichender Gänge. Die Vererzungen erfolgten in Tonschiefern, Sandsteinen und Quarziten des unterdevonischen Ober-Ems. Gangart ist vorwiegend Quarz, oft mit Schiefern verbunden. Siderit oder, im Bereich des Eisernen Hutes, auch Brauneisenstein sind mit Quarz vergesellschaftet. Haupterze waren silberhaltiger Bleiglanz und Zinkblende, daneben auch Kupferkies.

Bei Braubach am Rhein lag die Grube Rosenberg, es folgte bei Nievern die Grube Friedrichssegen, nördlich von Bad Ems gab es Neuhoffnung, Fahnenberg und Pfingstwiese (später unter dem Namen Mercur zusammengeschlossen), schließlich östlich Arzbach die Grube Eisenkaute.

Schon früh lenkten die schönen Pyromorphitstufen aus den Gruben Rosenberg und Friedrichssegen die Aufmerksamkeit der Mineralogen auf das Emser Revier. Bei der Förderung sollen die Stufen weiß oder farblos gewesen sein. Die braune Färbung der in Sammlungen aufbewahrten Schaustücke kam erst unter Einfluß des Tageslichtes zustande. Häufig fand man tonnenförmige Kristalle, die unter der Bezeichnung „Emser Tönnchen“ bekannt sind. Auch die Bleiglanz-XX von der Grube Friedrichssegen verdienen besondere Erwähnung.

Die Gruben nördlich von Bad Ems bieten dem Mineraliensammler praktisch kaum noch Funde. Er sieht wohl Stolleneingänge und kann zu Fuß bergauf im Wald die alten Schächte und Halden aufsuchen (Pfingstwiese, Adolfschacht). Doch aus ähnlichen Gründen wie in Holzappel bleiben Haldenfunde immer bescheiden. Belegstücke von Bleiglanz, Pyrit und Zinkblende (alle auch in XX), Kupferkies und Siderit, vielleicht auch Malachit und Azurit, dürfte man bei Ausdauer und mit etwas Glück noch finden können. Siderit war hier Gangmittel und von Quarzschnüren und Bleiglanz durchsetzt.

Bescheidene Fundmöglichkeiten bestehen auch im Grubengelände Friedrichssegen, das man über die Nebenstraße in Richtung Braubach erreichen kann, wenn man unterwegs rechts nach Frücht abbiegt. Die Resthalden liegen im Erzbachtal östlich des heutigen Emser Stadtteils Friedrichssegen. Die lange Liste der hier einst gefundenen Mineralien braucht nicht zitiert zu werden, zumal sämtliche Emser Mineralien in der beigegebenen Übersicht (S. 165) mit erfaßt sind. Die häufigeren wurden noch während der letzten Jahre aufgesammelt.

Der Vollständigkeit halber sei erwähnt, daß auch die Gruben Rosenberg und Königsstiel bei Braubach auf den Emser Gangzügen aufsetzten. Ihre zum Teil abgetragenen Halden lohnen kaum noch den Besuch.

In Bad Ems wird man sich im übrigen der mineralogischen Nostalgie hingeben, etwa beim Besuch des Museums (S. 159) oder der alljährlichen Mineralienbörse. Manche Gruben- und Hüttenanlagen, wie Lindenberg beim Bahnhof Ems-West oder die gründerzeitlichen Werksgebäude bei Nievern, „künden von versunkener Pracht“.

Zum Emser Gangbezirk gehörten auch die mineralogisch berühmten Gruben Mühlenbach bei Koblenz (Mühlental hinter Ehrenbreitstein) und Schöne Aussicht bei Dernbach. Erstere ist zwanzig Jahre nach der Stillegung nur noch historisch von Interesse, letztere aber – wiederholt totgesagt – hat durch die Emsigkeit einiger Sammler wieder etwas an Attraktivität gewonnen. Auf der unansehnlichen, vom Wald überwucherten Resthalde konnten interessante, wenn auch sonst bescheidene Funde gemacht werden. Die während der Förderzeit hier festgestellten Mineralien waren zum Teil einmalig für Deutschland und haben den Ruhm des Fundortes begründet. Es fielen an: Corkit, Hinsdalit, Jodsilber, Jodobromit, Pyromorphit, Pyrolusit, Goethit, Pyrit, Beudantit, Skorodit; ferner Amalgam, ged. Silber, Cerussit, Anglesit, Carminit, Mimetesit und Pharmakosiderit. Beudantit hieß anfangs sogar Dernbachit! Näheres entnehme man der reichhaltigen Literatur (zuletzt CRUSE, 1980).

Man fährt nun weiter lahnabwärts in Richtung Koblenz. An der ehemaligen Hütte Hohenrhein kurz vor Lahnstein stehen wir am Locus typicus der gleichnamigen Schichtenfolge der Ems-Stufe.
Hier führt ein markierter Wanderweg in die sehenswerte Ruppertsklamm (Naturschutzgebiet), eine tief eingesägte Erosionsschlucht von etwa 1,5 km Länge. Das Gestein ist der Kondel-Gruppe zuzuordnen. Es handelt sich zumeist um Flaserschiefer und Kieselgallenschiefer. Am Allerheiligenberg ragen über der Straße steile Felswände auf. Das zur Laubach-Gruppe zählende Gestein setzt sich aus Sandsteinen zusammen, die in Wechsellagerung mit fossilreichen Schiefern stehen. Stellenweise sind die Felswände geradezu übersät von Crinoidenstielgliedern und Brachiopoden oder auch von fossilen Kriechspuren. Einen umfassenden Überblick über die Durchtrittstelle der Lahn in das Mittelrheintal gewinnt man von Mehrsberg. An einer Stelle sind steil hochragende Klippen aus Ems-Quarzit, die Uhuley, freigelegt worden.

Östlich von Allerheiligenberg bei Lahnstein klafft ein tiefer Erosionsgraben von anderthalb Kilometern Länge im Gestein der Emser Schichten und läuft zur Lahn hin aus. Diese Ruppertsklamm ist Naturschutzgebiet, darf aber auf vorgezeichnetem Weg begangen werden.

Exkursion XI: Westerwald

Siegerland und Lahn-Dill-Gebiet gehören zum rechtsrheinischen Schiefergebirge. Sie beziehen Stücke eines in etwa durch Lahn und Sieg abgegrenzten Landschaftsteiles ein, der ebenfalls Teil des Rheinischen Schiefergebirges ist und vereinbarungsgemäß als Westerwald bezeichnet wird. Die Dill-Mulde liegt sogar völlig innerhalb des geographischen Westerwaldes. Ferner hat das Siegerländer Eisenerzrevier seine geologische und bergrechtliche Fortsetzung im Wieder Revier, so daß abschließend eine Exkursion durch den paläozoischen und tertiären westlichen Westerwald vorgeschlagen wird.

Von Köln oder Frankfurt reist man am günstigsten über die A 3 an, die man über die Abfahrt Neustadt/Wied verläßt. Man hält sich aber sofort in westlicher Richtung und fährt über Rahms zu dem Örtchen **Weißenfels.** Dort hat man von der Weißenfelser Lei einen ausgezeichneten Blick über das mittlere Wiedtal, das sich hier windungsreich durch die Grauwacken der Siegener Schichten schlängelt. Auffallend ist, daß ungefähr von hier ab die Wied – ganz anders als Lahn und Sieg – nicht mehr die variskische ESE-WNW-Richtung wie im Oberlauf beibehält, sondern sich bis zur Mündung entschieden südwärts wendet. Es sind möglicherweise die tertiären Störungen des Neuwieder Beckens, die den Fluß ablenken.

Man nimmt von Rahms die Straße hinab ins Wiedtal, biegt nach links ab und folgt der Wied ein Stück flußabwärts, bis rechts die begrünten Halden der ehemaligen Grube **Anxbach** auftauchen. Wir befinden uns im Wieder Spateisensteinbezirk, wo sich im Bereich des Hönningen-Seifener Sattels Erzgänge ausgebildet haben, deren Lagerungsverhältnisse weitgehend denen im Siegerland entsprechen. Im Anxbacher Gangzug wurden neben Siderit Blei-, Zink- und Kupfererze abgebaut. Das Vorkommen liegt zwischen Mittleren Siegener Schichten im Osten und Oberem Siegen im Westen.

Orientierungsskizze zu Exkursion XI

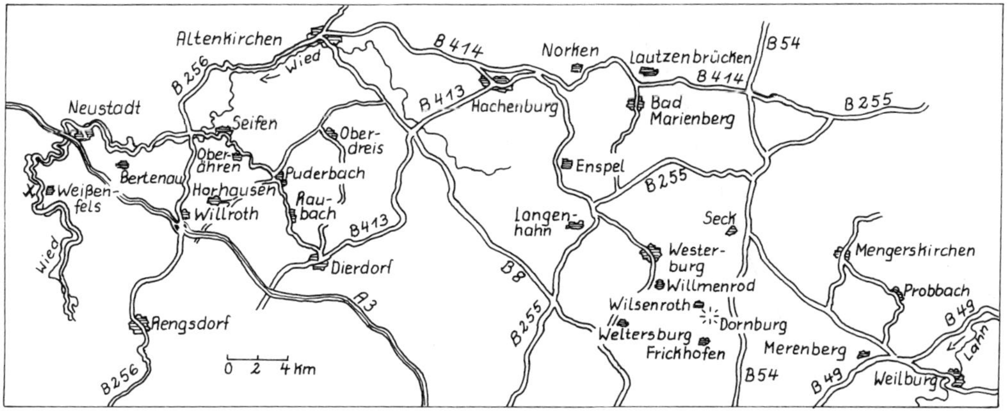

Mineralogisch wurde die Grube durch guten Siderit (sogenanntes Ringelerz) und rote Zinkblende-XX bekannt. Nach solchen schönen Stufen wird man heute vergeblich suchen.
Wiedaufwärts gelangt man nach Neustadt und rechts bergan (Richtung Autobahn) nach dem kleinen Ort **Bertenau.** Über dem Ort erhebt sich der kegelförmige Bertenauer Kopf (352 m, Naturschutzgebiet), der aus pliozänem Feldspatbasalt aufgebaut ist und ein gutes Beispiel für die auf Tertiärvulkanismus gründenden landschaftsprägenden Strukturen des westlichen Westerwaldes darstellt. In unmittelbarer Nachbarschaft liegt südlich davon die Anhöhe Telegraphenhügel (349 m). Sie war einst Standort des optischen (!) Telegraphen, über den in etwa einer Stunde eine Nachricht von Koblenz nach Berlin oder umgekehrt durchgegeben werden konnte. Dieser vulkanische Hügel entstand im Spättertiär in der Zeit des Übergangs zum Pleistozän. Der späte Zeitpunkt der Förderung läßt Zusammenhänge mit dem Eifel-Vulkanismus vermuten. Auf dem Gipfel sind vage noch die Reste eines „Kraters" zu erkennen, an dessen Rand stellenweise Tuffablagerungen zurückblieben.
Am schnellsten kommt man nun über die Autobahn in Richtung Frankfurt weiter, wo bald ein Förderturm in den Blick fällt und die nächste Ausfahrt ankündigt.
Unmittelbar an der A 3 hält der einzige Förderturm des Siegerländer-Wieder Eisenerzreviers (s. Abb. auf dem Einband) das Andenken an den alten Bergbau wach. Er steht über Schacht II der ehemaligen Grube Georg, eine der größten im Revier und mit Füsseberg in Daaden die letzte, die Ende März 1965 die Förderung einstellte. Die Grube setzt auf dem Horhauser Gangzug auf, der hier bei **Willroth** beginnt und sich bis Oberlahr erstreckt, wobei er den Seifener Großsattel nordsüdlich durchsetzt. Die übrigen Gruben, die auf der Lagerstätte aufsetzen, markieren in etwa den geschilderten Verlauf: Auf die Grube Georg folgen Friedrich-Wilhelm, Nöchelchen und Louise westlich Horhausen, Lammerichskaute nordwestlich Güllesheim und Silberwiese bei Oberlahr nördlich der Wied.
Die Gänge liegen im Mittleren Siegen oder an der Grenze zum Oberen Siegen. Die Erzvorkommen sind durch zahlreiche Störungen zerrissen. Wegen bedeutender Mineralienfunde, die besonders in den einstigen Gruben Georg und Louise gemacht werden konnten, genießen **Horhausen** oder Willroth in Sammlerkreisen einen ausgezeichneten Ruf. Das Gelände der Grube Georg wird heute von einer Firma genutzt, so daß beim Betreten auf jeden Fall um Erlaubnis nachgesucht werden muß. Noch immer werden Haldenfunde gemeldet, die natürlich durchweg bescheiden ausfallen. Berühmt wurde die Fundstelle durch sehr gute Bournonit-(Rädelerz)-XX, ferner durch XX von Siderit, Kupferkies, Quarz, Bleiglanz und Tetraedrit (Fahlerz). Als wollte sich der Berg vor seiner Schließung verabschieden, stieß man 1965 in einer Störung auf der 850-m-Sohle auf wunderbar schimmernde Kristalle von Kupferkies. Aufregende Funde erlebte man aber auch früher schon, etwa den Erstfund von Millerit 1870 auf der Lammerichskaute, der damals noch unter dem Namen Beyrichit geführt wurde. Eine Aufstellung der bisher registrierten Funde ist beigefügt (S. 166).
Man folgt der B 256 weiter bis ins Wiedtal, wo man rechts abbiegt und bald wieder rechts die Richtung nach Puderbach und Raubach verfolgt. Nahe des Bahnhofs **Seifen** am Anfang des Holzbachtales liegt der klassische Fossilfundpunkt, dessen reiche Fauna zuletzt Dahmer (1935) bis in alle Einzelheiten aufgelistet hat. Es handelt sich wohl um einen der ergiebigsten Fundpunkte des Mittleren Siegen (Seifener Schichten), der da etwa 800 m südöstlich des Bahnhofs durch Landstraße und Bahntrasse freigelegt worden ist. Sammlerhorden haben allerdings in den letzten Jahren dort derart gewütet, daß man nicht mehr allzu große Hoffnungen auf Funde hegen sollte. Crinoiden, Brachiopoden, Muscheln, Tentakuli-

Stark mäandrierend sucht die mittlere Wied ihren Weg durch den Niederwesterwald, wobei tektonische Gegebenheiten offenbar die Laufrichtung mitbestimmen. Der Blick schweift von der Ley bei Weißenfels, einem Ortsteil von Neustadt/Wied.

Meganteris sp. **mit kleinem** *Spirifer sp.* **aus den Seifener Schichten (Siegen) bei Niederähren.**

ten, ja sogar Trilobiten wurden neben anderen Fossilien während des letzten Jahrzehnts in guten Exemplaren geborgen.
Bei der Weiterfahrt mag man gegenüber von **Oberähren** einen Blick in die großen Steinbrüche werfen, in denen großflächig Rippelmarken ausgebildet sind. Über Puderbach gelangt man nach **Raubach,** das man durchfährt bis zum südlichen Ortsrand. Dort sah man früher unmittelbar an der Straße Halden der ehemaligen Grube Apollo, heute ist nur noch links an der Bergflanke eine Resthalde vorhanden. Vom Raubacher Bergbau scheint sie als einzige auch mineralogisch von Interesse gewesen zu sein. Sie lieferte (Cruse, 1980) Bleiantimonspießglanze, Bournonit, Pyrit, Quarz, Nakrit, gelegentlich auch Antimonit, Covellin, Goethit und Pyrophyllit.

Rechts oben: Die ausgedehnten Lagerstätten von Tertiär-Quarzit im Herschbach-Dierdorfer Becken des Niederwesterwaldes eignen sich zur industriellen Nutzung. Hier ein Abbau bei Marienrachdorf.

Rechts unten: Seelilie oder Haarstern (Crinoidea) mit erhaltenem Kelch aus den Seifener Schichten (Siegen) bei Niederähren.

Nördlich von Raubach biegt man an der Niederdreiser Mühle rechts ab und fährt über Woldert bis **Oberdreis,** um eines der kleineren Westerwälder Tonvorkommen kennenzulernen. Bei den Tonen handelt es sich um Sedimente eines oberoligozänen Flußsystems mit kleinen Seen, was aus gelegentlich eingeschalteten Feinsandschichten oder Quarzkiesen deutlich wird. Hier wird der Ton bei der Grube Guter Trunk Marie links im Wald an der Straße nach Roßbach abgebaut. Die Tone entstanden bei der tiefgründigen Verwitterung der paläozoischen Gesteine (Kaolinisierung) und wurden dann in Becken und Senken abgelagert.
Im Oberdreiser Wald liegen tertiäre Gesteine nahe beieinander. Außer dem durch kleinere Steinbrüche aufgeschlossenen Basalt sind es Quarzite. Sie werden in einem östlich der Tongrube bestehenden Bruch gewonnen. Während des Tertiär wurden oligo-miozäne Sande durch vielleicht vulkanisch herantransportierte Kieselsäure zu diesen Tertiär-Quarziten umgewandelt. Sie dürfen nicht mit den paläozoischen Quarziten, etwa den die Montabaurer Höhe aufbauenden Ems-Quarziten, verwechselt werden! Folgt man nordwestlich im Wald den kleinen Hinweisschildern, so gelangt man zum Beilstein, einer Quarzit-Felsklippe, die die Erosion aus dem umgebenden weicheren Gestein herauspräpariert hat.
Wer mag, kann einen Abstecher zu den Süßwasser-Quarzit-Lagerstätten zwischen Dierdorf und Herschbach unternehmen, den größten Vorkommen dieser Art in Deutschland. Das geographische Herschbach-Dierdorfer Becken wird aus Devonschollen gebildet, die sich meist wie Inseln aus den Ablagerungsfeldern der Tertiärsedimente, neben Quarzit auch Tone und Sande, herausheben.

AKERMAN
H12

Tentaculites sp., **eine Weichtierart, mit Brachiopoden aus dem Unter-Devon (Siegen-Schichten) von Hütte bei Hachenburg.**

Ab Höchstenbach führt die B 413 direkt nach **Hachenburg,** wo der Besuch des Landschaftsmuseums Westerwald (S. 159) angenehme Pflicht sein sollte. Die B 414 verläßt man kurz vor Kirburg und wendet sich links nach **Norken.** Unterhalb Bretthausen, wo man sich erkundigt, liegt im Wald die Resthalde der früheren Braunkohlengrube Spaeth. Mit Ausdauer lassen sich noch Belegstücke mit pflanzlichen Fossilien finden. Die Grube ist ein Beispiel für die vielen, oft isolierten Braunkohlevorkommen des Westerwaldes, die zum Teil untertägig ausgebeutet wurden. Auf der Weiterfahrt über Kirburg sieht man kurz vor der Abzweigung nach Bad Marienberg links von der B 414 die Ruinen und Haldenreste der ehemaligen Grube Eisenkaute. Ein zu Brauneisenstein umgebildetes Gangvorkommen steckt hier in Gesteinen des Unter-Devon. Gangart ist Quarz. Das Schiefergestein und eisenschüssige Quarzbrekzien mit gelegentlichen Mineraleinschlüssen liegen herum. Früher fand man glaskopfartigen Brauneisenstein, Pyrolusit, Manganit und Aragonit, wodurch die Grube in Sammlerkreisen bekannt wurde.

Nicht weit von hier ist links neben der Straße nach **Lautzenbrücken** ein Basaltbruch in Betrieb. Wie schon mehrfach beim Besuch von Basalt- oder Diabasbrüchen betont, muß immer zunächst die Zustimmung der Werksleitung zum Betreten eingeholt werden. Sodann beobachtet man tunlichst den Fortgang des Gesteinsabbaues, weil unvorhersehbar Hohlräume freigesprengt werden können, in denen Mineralien vorkommen. Aus diesem Steinbruch wurden Calcit-XX und verschiedene Zeolithe, etwa Chabasit, Harmotom, Natrolith und Skolezit, bekannt.

In **Bad Marienberg** hat man nun die Basalthochfläche des tertiären Westerwaldes erreicht und bewegt sich geographisch vom Ober- zum Hohen Westerwald. Zahlreiche Basaltbildungen verschiedensten Aussehens können hier beobachtet werden. Beson-

Kaolin mit Milchquarz, Tertiär, Bad Marienberg.

ders schön ist der Große Wolfsstein, zu dem gutbeschilderte Fußwege von der Badestadt aus führen. In Bad Marienberg kann man dem Freilichtmuseum Basaltpark (S. 159) einen Besuch abstatten. Lohnend ist auch ein Besuch des zwischen Zinhain und Unnau bestehenden Basaltaufschlusses mit überaus regelmäßiger Anordnung der Säulen. Auch im Tal der Schwarzen Nister, wo zur Zeit (Ende 1982) der Gesteinsabbau ruht, lassen sich zwischen der Kurstadt und Nisterau ausgezeichnete Einblicke in die Struktur der Basaltdecke des Hohen Westerwaldes gewinnen.

Verschiedene Straßen, darunter die Schnellstraße durch das Nistertal vorbei am riesigen Basaltbruch des Stöffel bei Enspel, führen nach Westerburg. Kommt man von Langenhahn, hält man sich zuerst halbrechts, dann wieder links und fährt über Willmenrod in Richtung **Weltersburg.** Kurz vor dem Ort, der durch sein Windrad weithin kenntlich ist, besteht links am Kranstein ein Basaltbruch, in dem eine Gruppe von meilerförmig angeordneten Gesteinssäulen aufgeschlossen ist. Es handelt sich um einen der schönsten Basaltaufschlüsse im Westerwald!
Zurück über Willmenroth geht es weiter über Berzhahn und Wilsenroth in Richtung Frickhofen, das zur Großgemeinde **Dornburg** gehört. Gleichen Namens ist das zwischen den zuletzt genannten Orten liegende Naturschutzgebiet. Ein ausgedehntes Ba-

saltplateau bildet den letzten Vorposten des Westerwaldes vor seinem Abbruch zum Limburger Becken. Bereits in prähistorischer Zeit war der markante Geländepunkt Siedlung und Zufluchtsort des Menschen. Die vorgeschichtlichen Wälle sind stellenweise gut erhalten.

Man sollte den Rundgang so wählen, daß man auf dem Hochplateau nahe Wilsenroth die prähistorischen Wälle sehen kann, sodann am Südost- und Südhang die am Fuß von eiszeitlichem Lehm und Basaltschutt gesäumten Basaltrosseln durchwandert und schließlich auch an den Stollen mit dem „Ewigen Eis" gelangt. Auf letzteres, für unser Gebiet einzigartiges Phänomen, war man schon um 1839 aufmerksam geworden. Bei einer winterlichen Außentemperatur von −20°C maß man 1847 in den Spalten des Basaltgesteins +11,5°C. Auch heute bleibt selbst in kalten Wintern dieser Teil schneefrei. Umgekehrt herrscht innerhalb der Basaltrosseln im Sommer eine Temperatur, die weit unter der Umgebungstemperatur liegt und zur Eisbildung in den Spalten führt. In einem Stollen hält sich bis in den Hochsommer, auch von außen sichtbar, Eis. Dieser sonderbare Sachverhalt findet seine natürliche Erklärung durch die Luftzirkulation innerhalb der relativ locker gefügten Gesteinsmassen und im Sommer durch die Verdunstungskälte auf der großen Oberfläche des Basaltes. Eine weitere Besonderheit der Dornburg ist die hier zu beobachtende Aberration der Magnetnadel, die natürlich auch anderswo, etwa bei eisenschüssigem Gestein, festgestellt werden kann.

Man fährt zurück über Berzhahn nach Gemünden und weiter in Richtung **Seck.** Zwischen den zuletzt genannten Orten schneidet der Holzbach eine bis zu 20 m tiefe und etwa 1 km lange Erosionsrinne in den anstehenden Basalt, nachdem im Oberlauf des kleinen Baches nachgiebigere Sandsteine eine Verlagerung des Bachbettes in die Tiefe und eine Erhöhung der Fließgeschwindigkeit zugelassen haben. Das ganze Bett füllen Geröllmassen. Die Holzbachschlucht ist Naturschutzgebiet.

In Rennerod biegt man rechts ab nach Westernohe und **Mengerskirchen.** Nördlich davon breitet sich das Massiv des Knoten aus. An seiner Südflanke sind in einer schmalen Störzone basaltische Massen aufgequollen und treten heute als markante Felsklippen (Geierschnabel, Galgenkopf) in Erscheinung. Von Mengerskirchen kann man dem markierten Wanderweg (III) des Westerwald-Vereins bis über die Maienburg hinaus folgen, wo man dann die Tongruben von Winkels vor sich hat. Auf engem Raum findet man hier wichtige geologische Zeugnisse des Westerwälder Tertiär beisammen. Die Maienburg steht auf einer Basaltkuppe. Begrenzt tritt Braunkohle auf, Süßwassertone bilden ausgedehnte Lager. Diese hier sind besonders interessant, weil man (vgl. Tongrube Stoß bei Langenaubach; Exkursion IV) versteinerte Hölzer mit Markasiteinlagerungen gefunden hat. Es sind vorwiegend Coniferen (Nadelhölzer) der Tertiärflora.

Etwas weiter entfernt sprudeln Sauerquellen, die als letzte Nachwehen des einstigen Vulkanismus betrachtet werden können. Der „Sauerborn" in Nenderoth und die Quelle von Probbach werden als Hydrogencarbonat-Säuerlinge eingestuft; man schreibt ihnen therapeutische Wirkung zu. Eine Rast an dem offenen Brunnen östlich von **Probbach,** unterhalb der Straße, bietet sich an. Dann fährt man weiter nach **Merenberg,** wendet sich sofort nach rechts auf die Straße, die weiter nach Neunkirchen und Rennerod führt. Links hinter dem Ziegenberg, südwestlich vom Vöhler Weiher, besteht ein Vorkommen von Quarzkeratophyr, das von Lößlehm bedeckt und in einem Steinbruch aufgeschlossen ist. Der hier anstehende Keratophyr hat nicht mehr die grünliche Färbung wie im frischen Zustand, sondern ist bereits stark zersetzt, wie der gelbliche Farbton (bei anderen Vorkommen im Lahngebiet auch mitunter rötlich) signalisiert. Häufig sind Quarz-Einsprenglinge, selten Alkalifeldspate, in der Grundmasse des Gesteins zu beobachten.

Aus der fast lückenlosen Basaltdecke des Hohen und Ober-Westerwaldes ragt der Große Wolfstein bei Bad Marienberg als geomorphologische Einzelbildung hervor. Naturdenkmal.

Neben den Säulen findet man auch die Blockform des Basaltes im Westerwald. Der Ketzerstein bei Liebenscheid-Weißenberg liefert ein besonders schönes Beispiel. Naturdenkmal.

Der letzte Fundpunkt bringt uns zum Bewußtsein, daß wir uns zwar noch im geographischen Westerwald bewegen, geologisch aber schon die Grenze des Lahngebietes erreicht haben. Im Südwesten der aushebenden Lahn-Mulde treten die erwähnten Gesteine besonders häufig auf. Die Definition des Begriffes Keratophyr ist nicht ganz eindeutig, zumal er mit Spiliten oft gemeinsam auftritt. Jedenfalls sind hier saure Vulkanite gemeint, die innerhalb des Dill-Hörre-Lahn-Gebietes zwar überall, aber in geringerer Flächenausdehnung vorkommen als die genannten diabasartigen Magmatite.
Von hier aus kann der Anschluß an die Exkursion VIII (Weilburg) hergestellt werden.

Rechts: Keratophyr-Vorkommen bei Merenberg.

Anhang

Museen und Sammlungen

Mit der Stillegung der Bergwerke haben die Museen und privaten Sammlungen an Bedeutung gewonnen. Nur hier sind der Öffentlichkeit noch die prachtvollen Stufen oder selteneren Belegstücke in mehr oder weniger großer Auswahl zugänglich. Glücklicherweise bestehen innerhalb unseres Exkursionsgebietes mehrere dieser Einrichtungen. Ihre Sammelschwerpunkte sind allerdings recht unterschiedlich. Auch läßt die museumspädagogische Erschließung des Ausstellungsgutes mitunter sehr zu wünschen übrig. Etliche gehen über die Präsentation von Mineralien hinaus und zeigen auch Gesteine und Fossilien. In solchen Fällen wird meist in gewissem Umfang sogar die Erläuterung geologischer Zusammenhänge geboten. Besonderes Interesse verdienen sodann die Sammlungen mit Erinnerungsstücken an die Tätigkeit der Bergleute und mit Demonstrationen zur Bergbautechnik.

Bad Ems, Stadtmuseum, Römerstraße 97:
Geologie des Emser Raumes, Gesteine, Erzproben aus den Emser Gruben, Fossilien (Bäderlei, Westersbachtal); T. 02603 / 4011; Di, Fr 9–12 Uhr, Fr 14.30–17.30 Uhr; Voranmeldung nötig!

Bad Marienberg, Basaltpark, Straße nach Zinhain:
Aufgelassener Basaltbruch, Abbau- und Verarbeitungsmethoden, Gestein aus dem Westerwälder Tertiär.

Breitscheid-Erdbach, Ortsmuseum im Dorfgemeinschaftshaus:
Geologie von Erdbach, Mineralien, Fossilien, Höhlenkunde; T. 02777 / 1018; Voranmeldungen nötig(!) bei Willi Hofmann, Breitscheider Str. 14.

Daaden, Museum des Daadener Landes:
Bergbaugeschichte und -technik; Mi 17–19 Uhr, 1. So im Monat 11–12 Uhr.

Dillenburg, Wirtschaftsgeschichtliches Museum, Schloßberg 3:
Bergbau und Hüttenwesen; T. 02771/96159 o. 23423; April - Okt. Di - So 9 - 12, 13 - 17 Uhr.

Greifenstein, Burg- und Ortsmuseum im Torhaus:
Gesteine, Mineralien, Fossilien, Bergbaugeschichte; T. 02779/276; April - Okt. 10 - 12 u. 14 - 18 Uhr.

Hachenburg, Landschaftsmuseum Westerwald, Burggarten:
Geologie, Gesteine, Mineralien, Fossilien. Sammelgebiet ist der gesamte geographische Westerwald, also das rechtsrheinische Schiefergebirge zwischen Lahn und Sieg. T. 02662 / 7456; Di–So 10–12 u. 14–17 Uhr.

Haiger, Heimatmuseum, Haus Fischbach, Marktplatz 7:
Geologie des Haigerer Raumes, Mineralien, Fossilien, Bergbaugeschichte, Haubergwesen; T. 02773 / 4629; Mo–Fr 10–12 u. 15–18 Uhr, Sa 10–12 Uhr.

Herdorf, Heimatmuseum, Hüttenhaus:
Bergmännische Erinnerungsstücke; T. 02744/292 1. u. 3. So im Monat 15 - 18 Uhr; sonst Voranmeldung nötig!

Privatsammlung Albert Sievers, ehem. Erzaufbereitungsanlage der Grube San Fernando im Sottersbachtal: Bergbaugeräte, Mineralien. Im Aufbau!

Hilchenbach-Müsen, „Tiefer Müsener Stollen" und Museum:
Bergbaugeschichte und -technik, Geologie, Mineralogie; T. 02733 / 6303; 2. So im Monat, Führungen 14.30 u. 15.30 Uhr; sonst Voranmeldung!

Neuwied-Niederbieber, Museum der Eiszeit, Monrepos:
Prähistorische und paläontologische Funde aus dem Neuwieder Becken. T. 0 26 31/7 20 43; Di - So 9 - 16 Uhr.

Siegen
Mineraliensammlung in der ehem. Bergschule; Mi u. So 10.30–12 Uhr.

Museum des Siegerlandes, Oberes Schloß; T. 02 71 / 5 22 28; Di–So 10–12 u. 14–17 Uhr. Dieses Museum informiert umfassend über Geschichte und Kultur des Siegerlandes, darunter auch über Bergbau und Hüttenwerke. Raum 3: Eisenguß, Ofen- und Grabplatten; Raum 14: Bewirtschaftung der Hauberge. Als Sonderabteilung besteht ein Schaubergwerk 14 m unter dem Schloß. Die Strecke zeigt auf 100 m Länge Beispiele bergmännischer Arbeitsweisen. Über eine Fahrt gelangt man in einen Teil des Schloßkellers, in dem Mineralienfunde des Siegerlandes ausgestellt sind. Neben wirtschaftlich bedeutenden (Eisenerze) sind seltenere Stufen in großer Zahl zu sehen. Im darüberliegenden Stockwerk: vorgeschichtlicher Eisenschmelzofen, Modell eines Siegerländer Hammerwerkes.

Solms-Oberbiel, Besucherbergwerk Grube Fortuna T. 0 64 41/40 72 56; März - Okt. Di - Fr 9 - 16, Sa., So. 9 - 17 Uhr.

Weilburg, Heimat- und Bergbaumuseum, Schloßplatz 1:
Wichtigste und umfassendste Sammlung unseres Gebietes! T. 0 64 71 / 20 11; 1. 4.–30. 10.: Di–So 10–12 u. 14–17 Uhr; 1. 11.–31. 3.: Mo–Fr 10–12 u. 14–17 Uhr; Befahren des „Tiefen Stollens" nur nach Voranmeldung!

Kubach, Kristallhöhle:
Karstsystem im Massenkalk, Tropfsteinbildungen, Mineralisation; T. 0 64 71 / 47 63 (Schröder); Sa, So, feiertags 9–17 Uhr; für Gruppen auch an Werktagen nachmittags, nach Voranmeldung. Nur Führungen im Abstand von 20 Min., Dauer ca. 1 Std.

Willroth, Förderturm der ehem. Grube Georg, an der A 4:
Letzter Förderturm des Siegerländer-Wieder Eisenerzreviers, 1953 über Schacht II erbaut. Technisches Kulturdenkmal!

Siegerländer Mineralien sind auch außerhalb unseres Gebietes der Stolz vieler Museen und Sammlungen. Einige davon besitzen entweder besonders reichhaltige Vorräte oder liegen im Einzugsbereich der Exkursionsrouten. Sie seien ergänzend aufgezählt.

Biedenkopf, Hinterlandmuseum, Schloß:
Gesteine und Mineralien des Hinterlandes, Bergbaugeschichte, Eisenverhüttung an der oberen Lahn. T. 0 64 61/47 98; 16. 4. - 9. 10. tgl. 8 - 18, 11. 3. - 15. 4. u. 10. 10. - 15. 11. Mo - Sa 14 - 18, So 10 - 18 Uhr.

Bonn, Mineralogisch-Petrologisches Museum der Universität, Poppelsdorfer Schloß:
Gesteine, Mineralien u. Fossilien aus Siegerland und Westerwald; T. 02 28 / 7 37 61; So 10–12 Uhr, Mi 15–17 Uhr.

Bergisch Gladbach - Bensberg, Bergisches Museum für Bergbau, Handwerk und Gewerbe, Burggraben 9 - 12:
Geologie des Bensberger Eisenerzreviers, Erzbergbau am Lüderich, Mineralien, Fossilien, Erzaufbereitung u. Verhüttung, Schaubergwerk; T. 0 22 02/ 14 24 84; Di - So 10 - 17 Uhr.

Darmstadt, Hessisches Landesmuseum, Geologisch-Paläontologische und Mineralogische Abteilung, Friedensplatz 1:
U. a. reichhaltiges Material aus dem Rheinischen Schiefergebirge; T. 0 61 51 / 12 54 34; tgl. außer Mo u. Feiertagen 10–17, Mi 10–21 Uhr.

Frankfurt, Naturmuseum Senckenberg, Senckenberg-Anlage 25:
Bes. Paläontologie; T. 06 11/7 54 20; Mo, Di, Do, Fr 9 - 17, Mi 9 - 20, Sa, So 11 - 15 Uhr.

Marburg, Mineralogisches Museum der Universität, Firmaneiplatz:
Mineralien der Umgebung von Marburg; T. 0 64 21/ 28 22 57; Mi 10 - 13, 15 - 18, Do, Fr 10 - 13, Sa, So 11 - 15 Uhr.

Münster, Geologisch-Paläontologisches Museum der Universität, Pferdegasse 3:
„Sämtliche in Westfalen vorkommenden Gesteine und Fossilien"; T. 02 51 / 4 90 39 42 u. 4 90 39 74; So 11–12.30 Uhr, Mi 15–17 Uhr; sonst nach Vereinbarung.

Neu-Anspach, Freilichtmuseum Hessenpark:
Geschichte des Eisenhüttenwesens, Köhlerei, Haubergwirtschaft, Westerwälder Basaltabbau; T. 0 60 81/58 80; März - Nov. 9 - 18 Uhr.

Wiesbaden, Museum Wiesbaden, Friedrich-Ebert-Allee 2:
Naturwissenschaftliche Abt. mit Geologie u. Mineralogie des Nassauer Landes; T. 0 61 21/3 68 21 70; Mi, Do, Sa, So 10 - 16, Di 10 - 21, Fr 10 - 15 Uhr.

Literatur

Die Literatur zum Thema ist so umfangreich, daß nicht einmal annähernd ein alle Bedürfnisse zufriedenstellendes Schrifttumsverzeichnis geboten werden kann. Darum beschränkt sich die nachfolgende Aufstellung auf Publikationen zur allgemeinen Landeskunde, die als Einführung geeignet sind, sodann auf jene klassischen Veröffentlichungen, die neuerdings als Nachdruck wieder erhältlich sind, ferner auf wissenschaftliche Arbeiten neueren Datums, die über den Buchhandel bezogen werden können, schließlich jene wohlfeilen Schriften, die dem Laien für die Mineralogie empfohlen werden können und deshalb auch als Grundlage für die Angaben in diesem Buch benutzt wurden. Den Abschluß bilden Angaben zum verfügbaren Kartenmaterial. Die angegebenen Werke, vor allem die „Siegerländer Bibliographie" von H. R. Vitt, enthalten weiterführende Hinweise. Der Westerwald-Verein bereitet eine umfassende naturkundliche Bibliographie für den gesamten Raum vor.

Allgemeine Landeskunde

Altenberg, Die Bergbausiedlung. Hrsg.: Verein Altenberg e.V. Müsen 1979

Busch, F.: Vom Siegerländer Erzbergbau. Siegen 1977

Einecke, G.: Der Bergbau und Hüttenbetrieb im Lahn-Dill-Gebiet und in Oberhessen. Eine Wirtschaftsgeschichte im Auftrag des Berg- und Hüttenmännischen Vereins zu Wetzlar als Anlage seines 50jährigen Bestehens. 1932

Fenchel, W.: Erdgeschichte des Wissener Landes. Wissener Beiträge, 5. Wissen 1971

Der Dünsberg und das Biebertal, hrsg. v. Dünsberg-Verein. Biebertal 1982

Jung, A.: Sauerland und Siegerland in Farbe. Stuttgart 1976
Koch, H. G.: Bevor die Lichter erloschen. Siegerland, Westerwald, Wittgenstein. Der Kampf um das Erz. Von Bergleuten und Gruben, vom Glanz und Elend des Bergbaus zwischen Sieg und Wied. Siegen 1971/72
Lehmann, E.: Bilder und Betrachtungen aus Geologie und Bergbau im Kreis Wetzlar. Wetzlarer Heimathefte II/10. Wetzlar 1958
Ohse, P.: Führer durch das Heimat- und Bergbaumuseum mit Schaustollen der Stadt Weilburg a. d. Lahn. Weilburg 1980/81
Ranke, W., Korff, G.: Hauberg und Eisen. Landwirtschaft und Industrie im Siegerland um 1900. München 1980
Roth, H. J.: Westerwald und Siebengebirge in Farbe. Stuttgart 1977
Schmoll, G.: Kurzgefaßte Darstellung des Erzbergbaues im Siegerland. O. O., o. J.
Schubert, H.: Geschichte der Nassauischen Eisenindustrie von den Anfängen bis zur Zeit des Dreißigjährigen Krieges (= Veröff. d. Histor. Kommission f. Nassau, 9). Marburg 1937
Spruth, F.: Die Bergbauprägungen der Territorien an Eder, Lahn und Sieg. Bochum 1974
Vitt, H. R.: Siegerländer Bibliographie. Siegen 1972
Westerwald-Verein e.V.: Naturkundliche Bibliographie Westerwald. Rechtsrheinisches Schiefergebirge zwischen Lahn und Sieg. (In Vorbereitung)
Wolter, K. D.: Bergbaumuseum Weilburg an der Lahn. Weilburg 1972

Klassische Werke

Becher, J. Ph.: Mineralogische Beschreibung der Oranien-Nassauischen Lande nebst einer Geschichte des Siegenschen Hütten- und Hammerwesens. Nachdr. d. Ausg. Marburg 1789. Kreuztal 1976
Eversmann, F. A. A.: Übersicht der Eisen- und Stahl-Erzeugung auf Wasserwerken in den Ländern zwischen Lahn und Lippe. Nachdr. d. Ausg. Dortmund 1804. Kreuztal 1982
Haege, Th.: Die Mineralien des Siegerlandes. Nachdr. d. Ausg. Siegen 1776. Bochum o. J.
Hundt, Th., Gerlach, G., Roth, F., Schmidt, W.: Beschreibung der Bergreviere Siegen I, Siegen II und Müsen. Nachdr. d. Ausg. Bonn 1887. Kreuztal 1980
Nostiz, R.: Die Mineralien der Siegener Erzlagerstätten. Nachdr. d. Ausg. 1912. Bochum 1982
Ribbentrop, A.: Beschreibung des Bergreviers Daaden-Kirchen. Nachdr. d. Ausg. Bonn 1882. Kreuztal 1982

Neuere wissenschaftliche Arbeiten

Bartolosch, Th. A.: Basalt im Westerwald (= Westerwälder Beiträge, 2). Hachenburg 1983
Bauer, G. et al.: Beitrag zur Geologie der Mittleren Siegener Schichten. Abh. Hess. Geol. Landesanst., 29. Darmstadt 1960
Bosum, W. et al.: Geologisch-lagerstättenkundliche und geophysikalische Untersuchungen im Siegerländer-Wieder Spateisensteinbezirk. Beih. Geol. Jahrb., 90. Hannover 1971
Cruse, B. (Red.): Zur Mineralogie und Geologie des Koblenzer Raumes, des Hunsrücks und der Osteifel. Der Aufschluß, 30. Heidelberg 1980
Dahmer, W.: Die Fauna der Seifener Schichten, Siegenstufe. Abh. Preuß. Geolog. Landesanst., N. F. 147. Berlin 1934
Flick, H.: Geologie und Petrographie der Keratophyre des Lahn-Dill-Gebietes, südliches Rheinisches Schiefergebirge. Clausthaler Geol. Abh., 26. Clausthal-Zellerfeld 1977
Grabert, H.: Oberbergisches Land. Zwischen Wupper und Sieg. (Sammlung Geologischer Führer 68). Berlin/Stuttgart 1980
Hesemann, J.: Geologie Nordrhein-Westfalens. Paderborn 1975
Hoffmann, A.: Beschreibungen rheinland-pfälzischer Bergamtsbezirke, 1: Bergamtsbezirk Betzdorf. Essen 1964
Homrighausen, R.: Petrographische Untersuchungen an sandigen Gesteinen der Hörre-Zone,

Rheinisches Schiefergebirge, Oberdevon – Unterkarbon. Geol. Abh. Hessen, 79. Wiesbaden 1979

Isert, F. et al.: Beschreibungen rheinland-pfälzischer Bergamtsbezirke, 2: Bergamtsbezirk Diez. Koblenz 1968

Kockel, C. W.: Schiefergebirge und Hessische Senke um Marburg/Lahn (Sammlung geol. Führer 37). Berlin 1958

Krebs, W.: Stratigraphie, Vulkanismus und Fazies des Oberdevons zwischen Donsbach und Hirzenhain, Rheinisches Schiefergebirge, Dill-Mulde. Abh. Hess. Landesamt. Bodenforsch. 33. Wiesbaden 1960

Krebs, W.: Der Bau des oberdevonischen Langenaubach-Breitscheider Riffes und seine weitere Entwicklung im Unterkarbon, Rheinisches Schiefergebirge. Abh. Senckenberg. Naturforsch. Ges., 511. Frankfurt 1966

Lippert, H.-J.: Erläuterungen zur Geologischen Karte von Hessen 1:25 000, Blatt Nr. 5215 Dillenburg. 2. Aufl. Wiesbaden 1970

Pauly, E.: Das Devon der südwestlichen Lahnmulde und ihrer Randgebiete. Abh. Hess. Landesamt. Bodenforsch., 25. Wiesbaden 1958

Rietschel, S.: Geologie des mittleren Lahntroges. Abh. Senckenberg. Naturforsch. Ges., 509. Frankfurt 1966 (= 1966 a)

Rietschel, S.: Eine geologische Exkursion nach Weilburg (Lahnmulde) I, II. In: Natur und Museum 96, 1966, S. 191–194 und 234–241 (= 1966 b)

Sperling, H.: Geologische Neuaufnahme des östlichen Teiles des Blattes Schaumburg. Abh. Hess. Landesamt. Bodenforsch., 26. Wiesbaden 1958

Steckhan, W.: Die Braunkohlen des Westerwaldes. Hess. Lagerstättenarchiv, 6. Wiesbaden 1973

Weyl, R. (Hrsg.): Geologischer Führer Gießen und Umgebung. 2. Aufl., bearb. v. F. Stibane. Gießen 1980

Wiegel, E.: Sedimentation und Tektonik im Westteil der Galgenberg-Mulde, Rheinisches Schiefergebirge, Dill-Mulde. Abh. Hess. Geol. Landesanst., 15. Darmstadt 1956

Exkursionsberichte

Bericht über die Exkursionen anläßlich der 110. Hauptversammlung in Marburg a. d. Lahn vom 1. bis 9. September 1958. In: Z. Dt. Geol. Gesellschaft 111, 2, 1959, S. 256–310

Bericht über die 120. Hauptversammlung der Deutschen Geologischen Gesellschaft vom 11. bis 18. September 1968 in Hagen/Westfalen. In: Z. Dt. Geol. Gesellschaft 120, 1968, S. 207–282

Mineralogie und Paläontologie

Bauer, J., Tvrz, F.: Der Kosmos-Mineralienführer. 5. Aufl. Stuttgart 1981

Beurlen, K.: Welche Versteinerung ist das? 10. Aufl. Stuttgart 1978

Bode, R., Wittern, A.: Mineralien und Fundstellen, Bundesrepublik Deutschland. Haltern 1989

Gebhard, G.: Das große LAPIS-Mineralienverzeichnis. München 1979

Jung, A., Kneppe, W.: Mineralien Südwestfalens und angrenzender Gebiete. Fredeburg 1979

Lieber, W.: Mineralogie in Stichworten. Kiel 1969

Lieber, W.: Der Mineraliensammler. 7. Aufl. Thun 1978

Moody, R.: Fossilien erkennen. Stuttgart 1979

Ramdohr, P., Strunz, H.: Klockmanns Lehrbuch der Mineralogie. 16. Aufl. Stuttgart 1978

Richter, A. E.: Fossilien zum Sammeln. Stuttgart 1980

Richter, A. E.: Handbuch des Fossiliensammlers. Stuttgart 1981

Strunz, H.: Mineralogische Tabellen. 7. Aufl. Leipzig 1977

Weiß, St.: Mineralfundstellen-Atlas Deutschland. München 1990

Wilke, H.-J.: Hessen (Mineral-Fundstellen, 7). München 1979

Wittern, A.: Taschenbuch der Mineralien-Fundstellen Mitteleuropas, Teil 1. Haltern 1990

Woolley, A. R., Bishop, C. A., Hamilton, R. W.: Der Kosmos-Steinführer. 4. Aufl. Stuttgart 1979

Karten

Die nicht im Handel befindlichen geologischen Karten können bei den zuständigen Geologischen Landesämtern in der Regel eingesehen werden.

Deutscher Planungsatlas Bd. I: Nordrhein-Westfalen. Lieferung 6: Lagerstätten II. Hannover 1973. Lieferung 8: Geologie. Hannover 1976

Geologische Karte von Hessen 1 : 25 000 mit Erläuterungen: Blatt 5215 Dillenburg; Bl. 53117 Rodheim-Bieber; Bl. 5514 Hadamar

Geologische Übersichtskarte der Dillmulde, der nordöstlichen Lahnmulde und des Hörrezuges 1 : 100 000 (1958)

Geologische Karte der Lahnmulde im Gebiet Diez-Laurenburg 1 : 25 000 (1958)

Geologische Spezialkarte der Gegend südlich von Langenaubach 1 : 5000 (1956)

Geologische Karte von Nordrhein-Westfalen 1 : 25 000 mit Erläuterungen: Blatt 5112 Morsbach; Bl. 5113 Freudenberg

Geologische Karte von Preußen 1 : 25 000 mit Erläuterungen: Blatt 5114 Siegen

Wanderkarte 1 : 50 000 Siegerland, Naturpark Rothaargebirge, Südwestteil. Hrsg. vom Landesvermessungsamt Nordrhein-Westfalen und vom Sauerländischen Gebirgsverein (1980)

Mineralien aus dem Unteren Lahn-Bezirk

Ems, Holzappel, Mühlenbach bei Koblenz (nach Bode, 1979, 1983)

Elemente:

Kupfer ged.	Be, Fr
Silber	Fr
Gold	?, Hld
Quecksilber	?
Landsbergit	Fr
Schwefel	Hld

Sulfide:

Zinkblende XX	Ems
Kupferkies XX	Ems
Chalkosin	Fr
Argentit	Fr
Fahlerz *	Fr
Pyrrhotin *	
Nickelin *	
Breithauptit *	Me
Bleiglanz XX	Ems
Zinnober	Hld
Millerit	Fr
Valleriit	
Linneit *	Fr
Siegenit *	
Covellin	Fr
Bismuthinit *	
Pyrit XX	Be, Fr
Gersdorffit XX	Fr, Me
Ullmannit	
Markasit	Fr, Me
Pyrargyrit *	
Bournonit	Fr, Si

Halogenide:

Bromargyrit	?
Embolit	Hld
Jodargyrit	?

Oxide:

Cuprit XX	Fr
Tenorit	Hld
Hämatit	Fr
Quarz XX	Ems
Pyrolusit	Fr
Wad	Fr
Manganit	Fr
Lepidokrokit	Fr
Goethit	Fr
Psilomelan	Fr
Coronadit	Hld
Limonit	Fr
Gibbsit	Hld

Carbonate:

Siderit XX	
Calcit XX	
Rhodochrosit	?
Smithsonit	?
Dolomit	
Ankerit	
Cerussit XX	Fr
Azurit XX	Fr
Malachit XX	Fr
Dundasit XX	Hld

Sulfate:

Baryt	?
Anglesit XX	Me
Brochantit XX	Hld
Linarit XX	Hld
Jarosit	?
Beudantit	Fr
Corkit	?
Hinsdalit XX	Hld
Hidalgoit	?
Morenosit	Me
Gips XX	Hld
Langit	Hld
Posnjakit	Hld
Wroewolfeit	?
Devillin XX	Hld
Serpierit XX	Hld
Schulenbergit XX	Hld
Namuwit XX	Hld
Calcedonit	Fr

Phosphate:

Carminit	?
Plumbogummit	Fr
Pyromorphit	Ems
Hopeit XX	Hld
Erythrin	?
Annabergit	?
Beraunit	?
Mimetesit	
Vivianit	Fr

Silikate:

Hemimorphit	Fr
Kaolinit	Hld

Fundorte:

Be	Bergmannstrost
Ems	alle Gruben des Emser Gangzuges
Fr	Friedrichssegen
Me	Mercur
Si	Silberkaute bei Arzbach
Hld	Haldenfunde, mikroskopisch
*	erzmikroskopisch
?	vermutet

Mineralien im Horhausener Gangzug

(nach R. Bode u. E. Lück, 1979)

Elemente:

ged. Kupfer	H, FW

Sulfide:

Akanthit XX	G
Zinkblende XX	G, Lou, Lam, S, H, FW
Kupferkies XX	G, Lou, Lam, S, H, FW
Tetraedrit XX	G, Lou, S
Millerit XX	G, Lou, Lam, FW
Bleiglanz XX	G, S
Zinnober (?)	G
Linneit XX	Lou
Polydymit	Lam
Violarit XX	Lam
Antimonit	G (?), S
Pyrit XX	G, Lou, S, H
Markasit XX	G
Ullmannit (?)	G
Skutterudit	Lou
Chloanthit	Lou
Bournonit XX	G, S
Geokronit	Lou
Boulangerit	G, Lou, S
Cosalit XX	G
Kobellit XX	G

Oxide, Hydroxide:

Valentinit	G, S
Hämatit	Lou
Bindheimit	Lou
Antimonocker	G
Quarz XX	G, Lou, Lam, S, H, FW
Pyrolusit XX	G, H
Psilomelan	G, H
Wad	G, H
Goethit XX	Lou
Manganit XX	Lou
Limonit	Lou
Lepidokrokit XX	Lou, H

Carbonate:

Siderit XX	G, Lou, Lam, S, H, FW
Rhodochrosit XX	Lou
Calcit XX	G, Lou
Dolomit XX	G, Lou
Cerussit XX	G
Azurit XX	G
Malachit XX	G, Lou

Sulfate:

Baryt XX	G
Anglesit XX	G, Lou
Beudantit XX	Lou

Phosphate, Arsenate:

Karminit XX	Lou
Pyromorphit XX	G, Lou
Mimetesit XX	Lou
Erythrin	Lou
Annabergit	Lou
Pharmakosiderit	Lou

Silikate:

Sericit	Lou

Fundorte:

G	Georg bei Willroth
Lou	Louise bei Güllesheim
Lam	Lammerichskaute bei Bürdenbach
S	Silberwiese bei Oberlahr
H	Harzberg bei Oberlahr
FW	Friedrich-Wilhelm bei Korhausen
?	vermutet

Zeit-Tafel (G. Herbst, nach J. Hesemann, 1975; verändert)

Zeitabschnitte					Geologische Ereignisse				
	System (Formation)	Beginn vor Mio. J.	Abteilungen und Stufen		Sedimentation		Tektonische Bewegungsabschnitte		Magmatische Gesteine
Känozoikum	Quartär			Holozän Pleistozän	Veränderungen an der Erdoberfläche und in oberflächennahen Bereichen durch menschliche Einwirkung u. Festlandsablagerung (durch Flüsse, Seen, Gletscher, Wind). Braunkohlenmoore, Fluß- und See-ablagerungen	Alpidische Ära	Pasadenische Phase	Bruchschollenbildung	
	Tertiär	2	Jungtertiär	Pliozän Miozän			Attische und Rhoda-nische Phase		Trachyte, Andesite Phonolithe Basalte
			Alttertiär	Oligozän Eozän Paläozän					
Meso-zoikum	Kreide	65							
	Jura	135							
	Trias	180							
Paläozoikum	Perm					Variskische Ära	Asturische Phase	Faltung des Rheinischen Schiefergebirges	Porphyre und Tuffe
	Karbon	270	Oberkarbon				Sudetische Phase		↑
			Unterkarbon (Dinant)	Visé Tournai	Meeresablagerungen, z. T. Riff-bildungen		(Bretonische Phase)		
	Devon	350	Oberdevon	Wocklum Dasberg Hemberg Nehden Adorf	Ablagerungen eines Meeres mit stark gegliedertem Meeresgrund				
			Mitteldevon	Givet, Eifel		Kaledonische Ära			↓
			Unterdevon	Ems Siegen Gedinne	Meeresablagerungen				Diabase, Keratophyre und ihre Tuffe
	Silur	400							
	Ordovizium	440							
	Kambrium	500							
	Präkambrium	570							

Schichtenfolge im Siegerland

				Bereich nordwestlich des Schuppensattels	
Blatt:				5014 Hilchenbach	5212 Wissen
Bearbeiter:				LUSZNAT	FENCHEL, VOGLER, QUIRING
QUARTÄR	Pleistozän u. Holozän			Periglazialer Frost- und Wanderschutt, Löß und Lößlehm, z. T.	
TERTIÄR					Ein kleiner und ein größerer Basaltdurchbruch am östlichen Kartenrand
DEVON	Mittel-Devon	Eifelium			
DEVON	Unter-Devon	Emsium			
DEVON	Unter-Devon	Siegenium	Obere Siegener Schichten	Klafelder Folge 1200 ↓ im Nordosten auskeilend: Asdorfer Folge Übachtal-Schichten 50- 150 Niederdorfer Schichten 20- 200 Ahe-Schichten 500- 700	oberer Teil streicht nicht mehr aus Klafelder Folge 700 ↓ Asdorfer Folge
DEVON	Unter-Devon	Siegenium	Mittlere Siegener Schichten	im Nordwesten: Abfolge nicht zu gliedern im Südosten: Freudenberger Sch. 150- 300 Gosenbacher Sch. 60- 130 Freusburger Sch. 50- 130 Eisenhardt Sch. 450 Liegendes streicht nicht aus	nicht zu gliedern 1200
DEVON	Unter-Devon	Siegenium	Untere Siegener Schichten	nicht zu gliedern 450- 500	
DEVON		Gedinnium		Martinshardt-Folge 700 Kindelsberg-Folge 175- 220 Ziegenberg-Folge 350 Liegendes noch unbekannt	

(Mächtigkeit in m)

Siegener Schuppensattel		Bereich südöstl. des Schuppensattels
5213 Betzdorf	5114 Siegen	5214 Burbach
QUIRING, GRABERT, LUSZNAT, PILGER, PÖTTER	DENCKMANN und QUIRING GRABERT, LUSZNAT, PILGER, WIEGEL	QUIRING, PÖTTER
erosiv und denutativ umgelagert, fluviatile Terrassenbildung		
Basaltdecken u. Basalttuff, Untermiozäne Tone u. Sande, Oberoligozäne Quarzsande, z.T. unter Basalt	einzelne Basaltdurchbrüche	Basaltdecken u. Basalttuff, Untermiozäne Tone u. Sande, Oberoligozäne Quarzsande, z.T. unter Basalt
		Wissenbacher Schiefer
Quarzitfolge (Emsquarzit) M 150 Tonschieferfolge mit Keratophyrlagen LM 100 Quarzitsandsteine L 400 Tonschieferfolge KL 150 Gilsbacher Folge (Ulmengruppe): 2–3 Quarzitbankfolgen (J–K) in Wechsellagerung mit 2 Tonschieferfolgen	——— ——— 450– 800	Crinoidenwacke, Rauhschiefer Eisen- und Kieselgallenschiefer Tonschieferschichten MN 150 Quarzitfolge (Emsquarzit) M 80–200 Tonschieferfolge mit Keratophyrlagen LM 100 Quarzitsandsteinfolge L 400 Tonschieferfolge KL 120–150 Gilsbacher Folge (Ulmengruppe)
Feuersbacher Folge 2000–2300 6–8 Sandsteinbankfolgen (A–H) in Wechsellagerung mit Tonschieferfolgen Struthüttener Folge: Obersdorfer Schichten 160 Ahe-Schichten 150	——— 2200–2300 ——— max. 500	Feuersbacher Folge, oberer Teil
Freudenberger Schichten 60– 200 Gosenbacher Schichten 30– 90 Freusburger Schichten 50– 260 Eisenhardt-Schichten 200– 500 Brüderbund-Schichten 90– 160		
Hamberg-Schichten mit Eisenzecher Sandsteinen 140– 300 Betzdorfer Schichten 60– 125 Hengsbach-Schichten 80– 100	Kirchener Schichten 70– 80 Mudersbacher Schichten 175– 290 Gilberg Schichten 340 Liegendes unbekannt	

Gliederung der Siegener Schichten

auf Blatt Betzdorf (nach M. LUSZNAT; verändert)

(Mächtigkeit in m)

Unter-Ems	Gilsbachfolge 800 (Ulmengruppe)
Obere Siegener Schichten	Feuersbacher Folge Struthüttener Folge Obersdorfer Schichten 160 Ahe-Schichten 150
Mittlere Siegener Schichten	60 - 200 Freudenberger Schichten 30 - 90 Gosenbacher Schichten 50 - 260 Freusburger Schichten 500 Eisern-Hardt-Schichten 90 - 160 Brüderbund-Schichten
Untere Siegener Schichten	140 - 300 Hamberg-Schichten 25 - 60 Betzdorfer Schichten 80 - 100 Hengsbach-Schichten 70 - 80 Kirchener Schichten 175 - 300 Mudersbacher Schichten 340 Gilberg-Schichten Liegendes unbekannt

Gliederung, Ausbildung und Fauna der Siegen-Stufe

(nach J. Hesemann, 1975; verändert)

<table>
<tr><th>Unterstufen</th><th>Müsen
(Mächtigkeit in m)</th><th>Siegerland
(Mächtigkeit in m)</th><th></th></tr>
<tr><td>Obere Siegener Schichten</td><td>Plattige, ebenschichtige Schiefer und Sandsteine; 1200 m</td><td>Silberberg-Sandstein:
Bankig-plattiger Sandstein
Daadener Schiefer:
Blaugrauer sandiger Schiefer
oder:
Bänderschiefer mit Grauwackenlage (80–250 m)
Siltiger Tonschiefer, Bänder- und Flaserschiefer (nach oben weniger flaserig) Silt- und Sandstein (unten flaserig) im rhythmischen Wechsel Schiefer/Sandstein; 1100–2200 m</td><td rowspan="3">Rhenorensselaeria crassicosta

Machaeracanthus kayseri
Homalonotus armatus
Homalonotus rudersdorfensis
Lingula hunsruckiana
Stropheodonta sedgwicki
Orthonota praecavinata
Cyrtina latesimata
Spirifer mediorhenanus
Spirifer hystericus
Spirifer assimilis
Acrospirifer primaevus (bis auf höchste Zone)
Athyris rauffi
Athyris arvirostris
Rhenorensselaeria strigiceps
Conocardium reflexum
Cryptonella minor
Stropheodonta herculea
Encrinaster schmidti
Pteraspis leachi</td></tr>
<tr><td>Mittlere Siegener Schichten</td><td>Blauschwarze Bänderflaserschiefer, Flasersilt- und -sandstein, mit wulstiger Oberfläche und aufgearbeiteten Tonflatschen; 450–600 m</td><td>Ton, Bänder, flaseriger und siltiger Tonschiefer und (quarzit.) Flasersandstein in wechselnden Anteilen; 400–1200 m</td></tr>
<tr><td>Untere Siegener Schichten</td><td>Graublaue, verwittert gelbliche oder weißliche milde Tonschiefer mit feinstreifigen Sandsteinen; 400 m</td><td>Dunkle Ton- und Bänderschiefer, oben auch Flaserschiefer mit nur wenig markanten Silt- und Sandsteinen; 700–900 m</td></tr>
</table>

Untergliederung der Ems-Stufe an der Unteren/Mittleren Lahn

(nach SPERLING, 1958)

Unterstufe	Schichten	Fossilien (Auswahl)
	Kondel-Schichten	Cypricardintia crenistria, Atrypa reticularis, Anoplotheca venusta, Nucleospira marginata (früher als Leitfossil angesehen)
	Laubach-Schichten	Spirifer auriculatus, Murchisonia polita (Nucleospira marginata)
Ober-Ems	Hohenrheiner Schichten	Schizophoria vulvaria, Chonetes semiradiata, Spirifer arduennensis, Spirifer curvatus, Spirifer paradoxus, Anoploteca venusta
	Emsquarzit	—
	Nellenköpfchen-Schichten	Leiopteria pseudolaevis, Dalmanella circularis, Dalmanella nocheri, Dalmanella bicallosa, Spirifer pellico, Spirifer arduennensis latestriatus, Tropidoleptus rhenanus
	Vallendarer Schichten	Spirifer arduennensis antecedens, Pleurodictyum problematicum; Pleurotomaria daleidensis alta, Coleoprion schmidti, Coniophora rhenana, Leptostrophia dahmeri
	Singhofener Schichten	Murchisonia infralineata, Dalmanella foliifer; Limoptera longialata, Camarotoechia daleidensis; Bucanella bipartita, Nuculites persulcata, Eodevonaria extensa; Nucula krachtae, Nuculana securiforma, Carydium inflatum

Fachausdrücke

Aufschluß: Geländestelle, wo Lagerung von Gestein oder Schutt frei beobachtet werden kann (Steinbruch, Kiesgrube o. a.)
Bank: Gesteinsschicht, die mehr oder weniger deutlich von anderen abgegrenzt ist.
Bauwürdig: Lagerstätte, deren Ausbeutung wirtschaftlich lohnend ist.
Brachiopoden oder Armfüßer: Festsitzende Meerestiere mit Rücken- und Bauchschale.
Brekzie (Breccie): Trümmergestein, Bruchstücke durch Bindemittel verkittet (danach: brekziös).
Conodonten: Zahnförmige, durchscheinende Gebilde aus marinen Ablagerungen des Paläozoikums; mikroskopisch klein; Träger derselben unsicher.
Crinoiden oder Seelilien: Gruppe der Stachelhäuter, bestehend aus Kelch mit Armen und Stiel; Stielglieder nicht selten.
Cypridinen: Artengruppe der Muschelkrebse.
Einfallen: Winkel zwischen einer geneigten Schicht (Fläche) und einer Horizontalen.
Epirogenese: Weitgespannte und langanhaltende Bewegung der Erdkruste ohne Bruch oder Störung der Schichtverbände (davon: epirogenetisch).
Exhalation: Ausströmen von Gasen aus Vulkanen oder Spalten (davon: exhalativ).
Fazies: Bestimmtes Erscheinungsbild eines Sediments aufgrund Gesteinsbeschaffenheit und Fossilgehalt.
Flaserung: Gefaserte Struktur eines Sediments (davon: flaserig).
Flöz: Gesteinsschicht mit wirtschaftlich verwertbarem Anteil.
Fossil: Versteinerung.
fossil: Ausgestorben (Gegenteil: rezent, heute noch lebend).
Gang: Mineral- oder Gesteinsfüllung einer Spalte in anderem, älteren Gestein.
Gangmittel: Erzreiche Gangfüllungen.
Gangart: Nichtmetallische Minerale, die eine Erzlagerstätte begleiten.
Gel: Formbeständiges, nur leicht deformierbares Stoffgemisch aus mindestens zwei Bestandteilen, reich an Gasen und Flüssigkeiten.
Geosynklinale: Ablagerungsraum für Sedimente; meist bei der Epirogenese (s. o.) absinkender Teil der Erdkruste.
Goniatiten: Gruppe der Weichtiere, Vorläufer der Ammoniten.
Hangendes: Über einer Schicht lagernde Gesteinsschichten.
Hydrothermal: Wäßrig-heiß.
Initial: Während der Geosynklinalzeit gefördert (z. B. basisches Magma).
Intrusion: Aus der Tiefe aufgestiegenes Magma bleibt in der Erdkruste stecken, es intrudiert.
Intrusivgestein: Tiefengestein, durch Erstarren der Gesteinsschmelze entstanden.
Klastisch: Zertrümmert, durch mechanische Verwitterung entstanden.
Konkretion: Unregelmäßig geformter Körper im Gestein.
Kulm: Sandige und tonige Fazies des Unter-Karbon.
Lagerstätte: Mineral im Gebirgsverband.
Liegendes: Die unter einer bestimmten Schicht lagernden Gesteinsschichten.
Limnisch: Im Süßwasser entstanden oder abgelagert.
Locus typicus: Namengebender Fundort eines Gesteins in wesenseigener Ausbildung.
Mäander: Windungsreicher Flußlauf.
Magma: Gesteinsschmelze in tieferen Bereichen der Erdkruste.
Mächtigkeit: Dicke oder Stärke einer Gesteinsschicht.
Mulde: Vertiefung im Gebirgskörper, von den durch Seitendruck entstandenen Schichtfaltungen gebildet.
Orogenese: Gebirgsbildung durch Bewegungen der Erdkruste.
Orthoceren: Angehörige einer Gattung fossiler Kopffüßer.
Ostrakoden, Ostracoden: Kleinkrebse.

Oxidationszone: Oft bis zum Grundwasser reichende Verwitterungszone bei Erzlagerstätten, in der Oxidation stattfindet.
Profil: Schichtfolge.
Rumpffläche: Verebnungsfläche; kappt gefaltete oder schräggestellte Schichten.
Sattel: Kuppe bei Gebirgsfaltungen.
Schlägel und Eisen: Früheres Werkzeug (Gezähe) des Bergmannes; heute Symbol.
Schwelle: Sanft ansteigende Bodenerhebung.
Sediment: Ablagerung (davon: sedimentär).
Silt, siltig: Feine Verwitterungsstufe von Tongestein.
Sprung: Gebirgsstörung, bei der ein Teil des Gebirges abgesunken ist, während der andere stehenblieb.
Störung: Sammelbezeichnung für Veränderung der normalen Lagerung eines Teils der Erdkruste (vgl. Sprung, Überschiebung).
Stratigraphie: Altersgliederung der Erdgeschichte.
Streichen: Himmelsrichtung der Schnittlinie einer Schicht mit einer waagerechten Ebene.
Stromatoporen: Ordnung koloniebildender Nesseltiere (?).
Tektonik: Bau der Erdkruste.
Teufe: Tiefe.
Textur: Anordnung und Verteilung von Mineralien im Gestein.
Trilobiten: Asselförmige Meereskrebse, Dreilappkrebse.
Überschiebung: Störung, bei der Schichten durch Seitendruck angerissen und übereinander geschoben wurden.
Zementationszone: Anreicherungszone unterhalb der Oxidationszone.

Register

Halbfett gesetzte Ziffern verweisen auf Abbildungen.

Wichtigere Orte

Gesteine, Böden

Mineralien

Fossilien

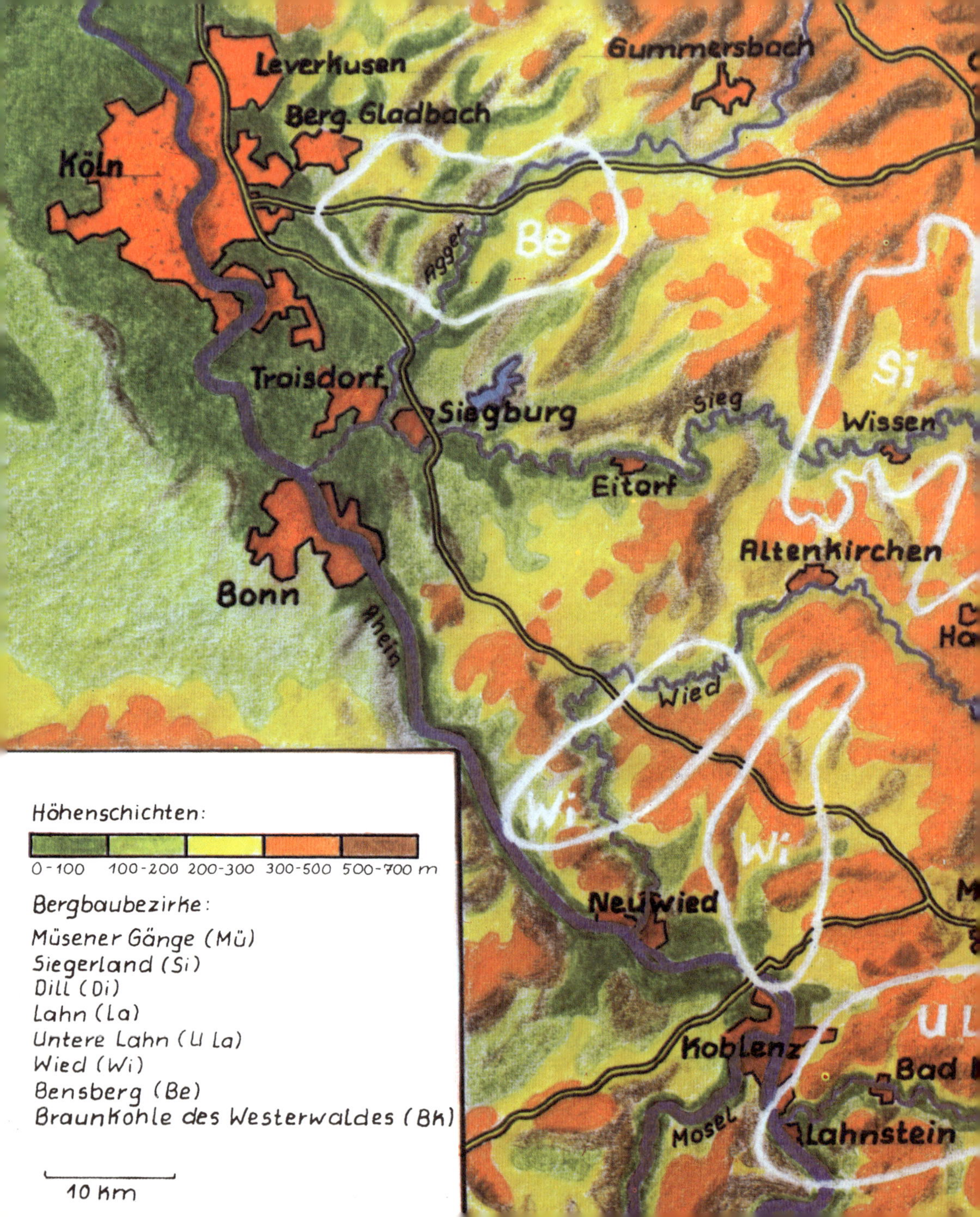
Leverkusen
Gummersbach
Berg. Gladbach
Köln
Be
Agger
Troisdorf
Siegburg
Sieg
Si
Wissen
Eitorf
Altenkirchen
Bonn
Rhein
Wied
Wi
Wi
Neuwied
Koblenz
Mosel
Lahnstein
Höhenschichten:
0-100
100-200
200-300
300-500
500-700 m
Bergbaubezirke:
Müsener Gänge (Mü)
Siegerland (Si)
Dill (Di)
Lahn (La)
Untere Lahn (U La)
Wied (Wi)
Bensberg (Be)
Braunkohle des Westerwaldes (Bk)
10 km